生物
显微技术实验教程

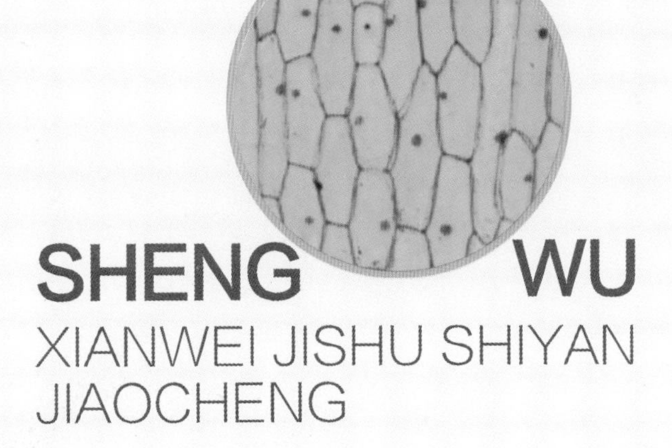

SHENG WU
XIANWEI JISHU SHIYAN
JIAOCHENG

主 编◎金 丽 蒲德永 黄 静 王志坚

西南师范大学出版社
国家一级出版社 全国百佳图书出版单位

图书在版编目（CIP）数据

生物显微技术实验教程 / 金丽等主编. — 重庆：西南师范大学出版社, 2019.3

ISBN 978-7-5621-9720-1

Ⅰ. ①生… Ⅱ. ①金… Ⅲ. ①生物显微镜—实验—高等学校—教材 Ⅳ. ①TH742.1-33

中国版本图书馆CIP数据核字（2019）第046321号

生物显微技术实验教程

金 丽 蒲德永 黄 静 王志坚◎主 编

责任编辑：杜珍辉

责任校对：熊家艳

装帧设计：闰江文化

排 版：重庆大雅数码印刷有限公司・黄金红

出版发行：西南师范大学出版社

网址：www.xscbs.com

地址：重庆市北碚区天生路2号

邮编：400715

电话：023-68868624

经 销：全国新华书店

印 刷：重庆荟文印务有限公司

幅面尺寸：195 mm×255 mm

印 张：7.5

字 数：110千

版 次：2019年3月 第1版

印 次：2019年3月 第1次印刷

书 号：ISBN 978-7-5621-9720-1

定 价：38.00元

前言

PREFACE

生物显微技术是用各种显微镜观察和辨认微小生物形态和生物精细结构的方法和技术，在许多学科的教学和科研工作中，有着重要的作用。生物显微技术是高等院校生物学各专业的基础内容。近些年的相关参考书多是理论方面的，实践操作方面的指导性教材或参考书很少见。为适应现代生物教学的需要，编者在实际工作中收集、整理和参考有关资料，结合实验中的经验、体会和研究结果，结合本科生操作基础起点低的实际情况，按照生物显微技术发展的客观情况编写了这本综合性的实用实验指导参考书。这本书中的方法简便易行，容易获得较好结果，非常适合初学组织制片的本科生和研究生使用。

本书共分 4 章。第 1 章是常用试剂与溶液，介绍了常用试剂、常用缓冲液、常用固定液、常用染色液和常用封藏剂；第 2 章是非切片法制片实验，包括 7 种制片方法，16 个实验； 第 3 章是切片法制片实验，包括 4 种制片方法，5 个实验；第 4 章是常用染色方法，包括 11 种光学显微镜观察常用的染色方法和 2 种透射电子显微镜观察常用的染色方法。本实验指导偏重于技术操作而非理论参考，并附有彩色组织照片，对于学习组织制片方法和提高染色技术水平有一定的帮助。

因编者水平有限，时间较紧，在编写过程中难免有遗漏及错误之处，敬请批评指正。所引用的文献在书末以参考文献的方式列出，文中未能一一表述，敬请原作者见谅。

在本书编写过程中，张耀光教授提供了指导与帮助，特此致谢。

目录

CONTENTS

Part 1

第 1 章 常用试剂与溶液

Part 2

第 2 章 非切片法制片实验

第 4 章

常用染色方法

第1章

生物显微技术实验教程

常用试剂与溶液

为了使实验正确和顺利进行，避免实验过程中发生忙乱而出错，实验过程中所需的药品、试剂等须在实验开始前准备好。配制和保存过程中需要注意以下事项：

（1）注意个人安全。进入实验室首先开启排气扇，穿上实验服。实验过程中要保持双手清洁，避免药品、试剂接近眼、鼻等。

（2）要处理好易燃易爆化学试剂，以防失火；易潮解的试剂，保存在干燥缸内，以防潮解失效。

（3）取用剧毒药品必须带一次性手套。如出现剧毒药品试剂等打碎漏洒等情况及时汇报。

（4）配制强酸、强碱时一定要注意安全，取用酸类时应特别小心，将酸慢慢倒入水中，并不断用玻璃棒轻轻搅拌使之与水混合，切不可将水倒入酸中，以免发生危险。

（5）所有配制的溶液、染料、试剂必须及时贴上瓶签，注明名称、成分、配制日期和保存温度等。有些染料和试剂有一定的有效期。配制时还要注意用量，以免造成浪费。倾倒试剂时，应把标签对着手心，以免药剂沾污标签，导致试剂无法辨认或混淆。

（6）用过的废酒精、二甲苯等要分别倒入指定的瓶中，回收。所有固体废物、酸类、染料等应倒在废物桶或废液桶内，不能倒入水槽中。

第1节 常用试剂

1. 各种浓度乙醇

在组织制片过程中会用到15%~100%的各种不同浓度的乙醇,常称为梯度乙醇。实验室常以95%乙醇来配制各级低浓度乙醇,因纯乙醇是由95%乙醇再蒸馏而成,价格较贵,一般都不用它来稀释。

配制方法:配制70%乙醇时,可取95%乙醇70 mL再加入蒸馏水至95 mL即可。同理,如以90%乙醇来稀释成70%乙醇时,可取90%乙醇70 mL再加入蒸馏水至90 mL即可。

总之,无论用哪种高浓度的乙醇来稀释,稀释成多大浓度就取多少毫升的乙醇,然后用蒸馏水加至该乙醇原有浓度数相同的体积即可。

2. 酸性水(或酸性乙醇)

1%酸性水溶液:浓盐酸1 mL,蒸馏水99 mL。

1%酸性乙醇溶液:浓盐酸1 mL,70%乙醇99 mL。

用于染色过程中的分色。分色后要经自来水充分冲洗组织,以除去所含的酸,再作其他处理。

3. 碱性水

0.1%氨水或0.01 g/mL碳酸锂水溶液。常用于酸性水分色后以中和残存的酸,使组织恢复至中性。

4. 蛋白甘油

将鸡蛋钻孔用滴管吸出蛋白(不要混入蛋黄)盛于小烧杯中,用细玻璃棒将其打成浓厚的白色泡沫状,倒入量筒内,停留片刻,将上面的白沫滤去,然后加入等量的甘油，并加入一小粒麝香草酚（thymol）（约1%）以防腐。分成小瓶储存备用。

蛋白甘油用久后黏附能力会逐渐减弱，尤其在夏天气温高时更容易变质失效。因此，最好隔1~2个月配制1次。

5. 甘油明胶

明胶	1 g
蒸馏水	100 mL
甘油	15 mL
石炭酸	0.5~1 g

先将明胶浸入热蒸馏水中，隔水加温使其融化，然后加入甘油及防腐剂（石炭酸），混合均匀后过滤即成。植物制片多用甘油明胶为粘贴剂。它的黏性较大，且不易着色。

6. 生理盐水

以氯化钠（NaCl）0.85~0.90 g溶于蒸馏水，再定容至100 mL而制成的生理盐水即0.008 5~0.009 0 g/mL生理盐水，适用于哺乳动物；0.007 5 g/mL生理盐水适用于鸟类；冷血动物用0.006 5 g/mL生理盐水；海水动物用0.015~0.026 g/mL生理盐水。

7. Ringer液

氯化钠	9 g
氯化钾	0.42 g
氯化钙	0.25 g
蒸馏水	1 000 mL

如用于冷血动物，将氯化钠改成6.5 g。

8. 甘油乙醇液

配方：甘油50 mL，50%乙醇50 mL。

用木材制作切片时，常用此液作为木材的软化剂。也常用此液来浸泡包埋的蜡块。石蜡包埋的蜡块，如果组织较硬或较大，不容易切出时，可用刀片将被切面的材料削去一部分，将蜡块材料削出面向下，半浸泡于甘油乙醇液中。浸泡时间一般在1 d以上，时间长一点也无妨。有时把蜡块浸泡7~10 d，更好切片。

9. 碘酒

每 100 mL 的 70%~75% 乙醇内加碘 2.5~5.0 g。碘酒可用于经含氯化汞的固定液固定的标本所制的切片，以去除标本中的汞结晶；也可作杀菌消毒剂。

10. 清洁液

重铬酸钾	100 g
浓硫酸	100 mL
自来水	1 000 mL

专用于清洗玻璃器皿。先将重铬酸钾溶于热水，待冷后缓缓加入浓硫酸。千万不可将水溶液倒入浓硫酸。加浓硫酸时要边加边用玻棒轻轻搅拌，以免局部沸腾溅出。

第2节 常用缓冲液

1. 0.2 mol/L 磷酸钠缓冲液

（1）储备液 盛放于棕色瓶内，4 ℃保存。

A 液：磷酸氢二钠 0.02 mol，加蒸馏水至 100 mL。

B 液：磷酸二氢钠 0.02 mol，加蒸馏水至 100 mL。

（2）应用液 具体配制见表 1-1。

表 1-1 0.2 mol/L 磷酸钠缓冲液的配制

pH	A 液 /mL	B 液 /mL	pH	A 液 /mL	B 液 /mL
5.8	8.0	92.0	7.0	61.0	39.0
6.0	12.3	87.7	7.2	72.0	28.0
6.2	18.5	81.5	7.4	81.0	19.0
6.4	26.5	73.5	7.6	87.0	13.0
6.6	37.5	62.5	7.8	91.5	8.5
6.8	49.0	51.0	8.0	94.7	5.3

2. $\frac{1}{15}$ mol/L 磷酸盐缓冲液

（1）储备液 盛放于棕色瓶内，4℃保存。

A 液：磷酸氢二钠$\frac{1}{15}$ mol，加蒸馏水至 1 000 mL。

B 液：磷酸二氢钾$\frac{1}{15}$ mol，加蒸馏水至 1 000 mL。

（2）应用液 具体配制见表 1-2。

表 1-2 $\frac{1}{15}$ mol/L 磷酸盐缓冲液的配制

pH	A 液 /mL	B 液 /mL	pH	A 液 /mL	B 液 /mL
5.29	2.5	97.5	6.81	50.0	50.0
5.59	5.0	95.0	6.98	60.0	40.0
5.91	10.0	90.0	7.17	70.0	30.0

续表

表 1-2 $\frac{1}{15}$ mol/L 磷酸盐缓冲液的配制

pH	A 液 /mL	B 液 /mL	pH	A 液 /mL	B 液 /mL
6.24	20.0	80.0	7.38	80.0	20.0
6.47	30.0	70.0	7.73	90.0	10.0
6.64	40.0	60.0	8.04	95.0	5.0

3. 0.2 mol/L Tris-HCl 缓冲液

（1）储备液。

A 液：Tris 0.02 mol，加蒸馏水至 100 mL。

B 液：HCl 0.02 mol（约 1.7 mL），加蒸馏水至 100 mL。

（2）应用液。

应用液以 A 液 25 mL 加相应 B 液（见表 1-3），再加蒸馏水至 100 mL 即成。

表 1-3 0.2 mol/L Tris-HCl 缓冲液的配制

pH	B 液 /mL	pH	B 液 /mL
7.2	22.1	8.2	11.0
7.4	20.7	8.4	8.3
7.6	19.2	8.6	6.1
7.8	16.3	8.8	4.1
8.0	13.4	9.0	2.5

4. 0.05 mol/L Tris-HCl 缓冲液

（1）储备液。

A 液：Tris 0.02 mol，加蒸馏水至 100 mL。

B 液：HCl 0.01 mol（0.84 mL），加蒸馏水至 100 mL。

（2）应用液。

应用液以 A 液 10 mL 加相应 B 液和蒸馏水（见表 1-4）即成。

表 1-4 0.05 mol/L Tris-HCl 缓冲液的配制

pH	B 液 /mL	蒸馏水 /mL	pH	B 液 /mL	蒸馏水 /mL
7.19	18	12	8.23	9	21
7.36	17	13	8.32	8	22
7.54	16	14	8.41	7	23
7.66	15	15	8.51	6	24
7.77	14	16	8.62	5	25
7.87	13	17	8.74	4	26

续表

表1-4 0.05 mol/L Tris-HCl缓冲液的配制					
pH	B液/mL	蒸馏水/mL	pH	B液/mL	蒸馏水/mL
7.96	12	18	8.92	3	27
8.05	11	19	9.10	2	28
8.14	10	20	—	—	—

5. 0.2 mol/L 醋酸缓冲液

（1）储备液。

A液：冰醋酸1.2 mL（0.02 mol），加蒸馏水至100 mL。

B液：醋酸钾2.72 g（0.02 mol），加蒸馏水至100 mL。

（2）应用液。

具体配制见表1–5。

表1-5 0.2 mol/L 醋酸缓冲液的配制					
pH	A液/mL	B液/mL	pH	A液/mL	B液/mL
3.6	92.5	7.5	4.8	41.0	59.0
3.8	88.0	12.0	5.0	30.0	70.0
4.0	82.0	18.0	5.2	21.0	79.0
4.2	73.5	26.5	5.4	14.0	86.0
4.4	63.0	37.0	5.6	9.0	91.0
4.6	51.0	49.0	5.8	6.0	94.0

6. 枸橼酸–磷酸氢二钠缓冲液

（1）储备液。

盛放于棕色瓶内，4 ℃保存。

A液：0.1 mol/L的枸橼酸液，即枸橼酸0.01 mol，加蒸馏水至100 mL。

B液：0.2 mol/L的磷酸氢二钠液，即磷酸氢二钠0.02 mol，加蒸馏水至100 mL。

（2）应用液。

具体配制见表1–6。

表1-6 枸橼酸-磷酸氢二钠缓冲液的配制					
pH	A液/mL	B液/mL	pH	A液/mL	B液/mL
2.2	98.0	2.0	5.2	46.0	54.0
2.4	93.5	6.5	5.4	44.0	56.0
2.6	89.0	11.0	5.6	42.0	58.0

续表

表1-6 枸橼酸－磷酸氢二钠缓冲液的配制					
pH	A液/mL	B液/mL	pH	A液/mL	B液/mL
2.8	84.0	16.0	5.8	40.0	60.0
3.0	79.0	21.0	6.0	37.0	63.0
3.2	75.0	25.0	6.2	34.0	66.0
3.4	71.0	29.0	6.4	31.0	69.0
3.6	67.5	32.5	6.6	27.5	72.5
3.8	64.0	36.0	6.8	23.0	77.0
4.0	60.5	39.5	7.0	18.0	82.0
4.2	58.0	42.0	7.2	13.5	86.5
4.4	55.5	44.5	7.4	10.0	90.0
4.6	52.5	47.5	7.6	7.0	93.0
4.8	50.0	50.0	7.8	5.0	95.0
5.0	48.0	52.0	8.0	2.5	97.5

7. 巴比妥钠－醋酸盐缓冲液

（1）储备液。

A液：0.1 mol/L巴比妥钠－醋酸盐液，即巴比妥钠2.94 g，醋酸钠1.94 g，加蒸馏水至100 mL。

B液：0.1 mol/L盐酸，加蒸馏水至100 mL。

（2）应用液。

应用液以A液5.0 mL加相应B液和蒸馏水即成（见表1-7）。

表1-7 巴比妥钠－醋酸盐缓冲液的配制					
pH	B液/mL	蒸馏水/mL	pH	B液/mL	蒸馏水/mL
3.6	28.0	8.0	6.2	14.0	22.0
3.8	26.0	10.0	6.8	13.0	23.0
4.0	25.0	11.0	7.0	12.0	24.0
4.2	24.0	12.0	7.2	11.0	25.0
4.4	22.0	14.0	7.4	10.0	26.0
4.6	20.0	16.0	7.6	8.0	28.0
4.8	19.0	17.0	8.0	6.0	30.0
5.0	18.0	18.0	8.2	4.0	32.0
5.2	17.0	19.0	8.6	1.5	34.5
5.4	16.0	20.0	9.2	0.5	35.5

8. 柠檬酸缓冲液

（1）储备液。

A 液：柠檬酸 0.01mol，加蒸馏水至 100mL。

B 液：柠檬酸钠 0.01mol，加蒸馏水至 100mL。

（2）应用液。

具体配制见表 1–8。

表 1-8 柠檬酸缓冲液的配制

pH	A 液 /mL	B 液 /mL	pH	A 液 /mL	B 液 /mL
3.0	46.5	3.5	4.8	23.0	27.0
3.2	43.7	6.3	5.0	20.5	29.5
3.4	40.0	10.0	5.2	18.0	32.0
3.6	37.0	13.0	5.4	16.0	34.0
3.8	35.0	15.0	5.6	13.7	36.3
4.0	33.0	17.0	5.8	11.8	38.2
4.2	31.5	18.5	6.0	9.5	40.5
4.4	28.0	22.0	6.2	7.2	42.8
4.6	25.5	24.5	6.4	5.0	45.0

9. 0.2 mol/L 硼酸缓冲液

（1）储备液。

A 液：硼酸 0.02 mol，氯化钠 0.005 mol，加蒸馏水至 100 mL。

B 液：硼酸钠 0.005 mol，加蒸馏水至 100 mL。

（2）应用液。

具体配制见表 1–9。

表 1-9 0.2 mol/L 硼酸缓冲液的配制

pH	A 液 /mL	B 液 /mL	pH	A 液 /mL	B 液 /mL
6.77	9.7	0.3	8.41	5.5	4.5
7.09	9.4	0.6	8.51	5.0	5.0
7.36	9.0	1.0	8.60	4.5	5.5
7.60	8.5	1.5	8.69	4.0	6.0
7.78	8.0	2.0	8.84	3.0	7.0
7.94	7.5	2.5	8.98	2.0	8.0
8.08	7.0	3.0	9.11	1.0	9.0
8.20	6.5	3.5	9.24	0	10.0
8.31	6.0	4.0	—	—	—

10. 二甲胂酸钠－盐酸缓冲液

（1）储备液。

A 液：0.2 mol/L 二甲胂酸钠液，即二甲胂酸钠 0.2 mol，加蒸馏水至 100 mL。

B 液：0.2 mol/L 盐酸液，即盐酸 1.7 mL，溶于 100 mL 蒸馏水。

（2）应用液。

以 A 液 25 mL 加相应 B 液（见表 1–10），再加蒸馏水至 100 mL 即成。

表 1-10 二甲胂酸钠－盐酸缓冲液的配制

pH	B 液 /mL	pH	B 液 /mL
5.0	23.5	6.4	9.2
5.2	22.5	6.6	6.7
5.4	21.5	6.8	4.7
5.6	19.6	7.0	3.2
5.8	17.4	7.2	2.1
6.0	14.8	7.4	1.4
6.2	11.9	7.6	0.9

第3节　常用固定液

一、甲醛固定液

1. 中性甲醛液

甲醛	10 mL
蒸馏水	90 mL
$NaH_2PO_4 \cdot H_2O$	0.4 g
Na_2HPO_4	0.65 g

此液是动物组织常用固定液。固定 24~48 h，流水冲洗过夜，后续可制备冷冻切片，也可制作石蜡切片。

2. 10% 甲醛溶液

将 10 mL 甲醛加入 90 mL 蒸馏水混匀即可。可固定较大块组织，但长时间固定可能产生福尔马林色素。

3. 甲醛－生理盐水液

甲醛	10 mL
氯化钠	0.9 g
蒸馏水	90 mL

该液应用最广，可保护脂类和细胞核。作酸性染色时如 V-G（Van Gieson）染色或三重染色之前，还可用此液进行第二次固定。氯化钠可根据不同动物适量减少。

4. 甲醛－钙溶液

甲醛	10 mL
氯化钙	2 g
蒸馏水	90 mL

一般固定 24~48 h 后流水冲洗过夜，可冷冻切片或丙酮脱水石蜡切片。

5. 甲醛－溴化铵液

甲醛	15 mL
溴化铵	2 g
蒸馏水	85 mL

此液用前现配，为中枢神经（脑）组织的良好固定剂，一般固定 24~48 h，可用于镀金和镀银方法。

6. Dafano 液

甲醛	15 mL
硝酸钴	1 g
蒸馏水	100 mL

此液固定高尔基体效果较好，流水冲洗以后脱水。

7. Mossman 液

甲醛	10 mL
95% 乙醇	30 mL
冰醋酸	10 mL
蒸馏水	50 mL

此液用于哺乳动物胚胎，它的渗透速度很快，兼有脱钙作用。

8. Houseby 液

甲醛	10 mL
蒸馏水	90 mL
对苯二酚	7 g

此液对细胞质精细结构的保存效果较好。固定 12~24 h，水冲洗 8~12 h。

二、氯化汞固定液

此类固定液固定后的处理过程中必须脱汞。

1. Helly 液

氯化汞	5 g
重铬酸钾	2.5 g
蒸馏水	100 mL
甲醛	5 mL

甲醛临用时加入。此液对细胞质固定效果较好，特别适于显示某些特殊颗粒，如胰岛和腺垂体以及骨髓、脾、肝等组织的固定。

2. Zenker 液

将 Helly 液中的甲醛换成冰醋酸（5 mL）即可。冰醋酸临用时加入。适用于一般组织，能使细胞核和细胞质染色较为清晰，固定时间 12~36 h。

3. Maximov 液

将 Helly 液中的甲醛增至 10 mL，即为 Maximov 液。甲醛稍有促染细胞质的作用，氯化汞能增强细胞核的染色效果。

4. 甲醛－醋酸钠（钙）－氯化汞液

甲醛	10 mL
醋酸钠或醋酸钙	2 g
氯化汞	6 g
蒸馏水	90 mL

此液临用时配制，适于固定胰腺组织，对鉴别胰岛细胞有较好的作用。

5. Stieve 液

甲醛	20 mL
氯化汞饱和水溶液	76 mL
冰醋酸	4 mL

此液渗透力强，固定 10~18 h，固定后不需水洗。适于固定的组织种类较多，不宜固定酶原颗粒及胰腺组织。

6. Heidenhain 液（Susa 液）

氯化汞	4.5 g
氯化钠	0.5 g
蒸馏水	80 mL
三氯乙酸（有毒）	2 g
冰醋酸	4 mL
甲醛	20 mL

对较硬的组织特别有用，如蛔虫、昆虫幼虫等角层较厚的组织均可采用。它的

渗透速度快，固定 3~4 h，固定后直接投入 95% 乙醇。对细胞质及核的固定与染色效果良好，对结缔组织纤维保存效果较差。

7. Romeis 液

氯化汞饱和水溶液	50 mL
0.05 g/mL 三氯乙酸水溶液	40 mL
甲醛	10 mL

甲醛临用时加入。固定 12~24 h，固定后转入 90% 乙醇。此液既可作一般固定液，也可作重固定液。这种重固定液特别有利于 Heidenhain 铁（矾）苏木精染色。

8. Gilsen 液

硝酸	15 mL
氯化汞	20 mL
60% 乙醇	100 mL
蒸馏水	880 mL

用时现配，24 h 后失效。适于肉质菌类，特别是柔软胶质状的材料，如木耳。也适用于无脊椎动物材料。

9. Schaudinn 液

氯化汞饱和水溶液	66 mL
95% 乙醇	33 mL
冰醋酸	1 mL

冰醋酸临用时加入。适用于固定原生动物、具鞭毛的单细胞藻类、植物的精子和游动孢子。若固定涂片，可在 40 ℃下固定 10~20 min。亦可将此液加热至 70 ℃，直接将材料固定在载玻片上，固定时间为 6~16 h。

三、苦味酸固定液

1. Bouin 液

饱和苦味酸水溶液	75 mL
甲醛	25 mL
冰醋酸	5 mL

常用固定剂，其渗透力强。组织固定均匀且收缩较少。固定 12~24 h 为宜。对

肾结构保存不利。

2. Gendre 液

苦味酸 95% 乙醇饱和液	80 mL
甲醛	15 mL
冰醋酸	5 mL

室温固定 1~4 h，不超过 12 h。固定后于 95% 乙醇中洗。

3. Rossman 液

苦味酸无水乙醇饱和液	90 mL
甲醛	10 mL

对糖原固定效果较好。固定 12~24 h，固定后于 95% 乙醇中洗。

4. Verhoeff 液

甲醛	10 mL
95% 乙醇	48 mL
蒸馏水	36 mL
苦味酸	1 g

此液固定眼球 48 h，即可进行脱水。

5. 苦味酸 – 硫酸液

蒸馏水	100 mL
硫酸	2 mL
苦味酸	加至饱和即可

此液适用于胚胎固定，待别是对鸡胚固定效果很好。固定 24 h 为宜。

四、重铬酸钾固定液

1. Müller 液

重铬酸钾	2.5 g
硫酸钠	1 g
蒸馏水	100 mL

此液作用缓慢。组织固定均匀且收缩少。多用于媒染和硬化神经组织，固定时间数日至数周，其间须常换新液。

2. Orth 液

必须用前现配。在 Müller 液（上述配方）中加甲醛 10 mL 即为 Orth 液，甲醛临用前加入。此液为较好的常规固定剂，神经组织、胚胎和脂肪等均可应用。它渗透力极强，组织收缩较少。应在暗处固定 12~24 h 或更长时间。变黑则失效。固定后流水冲洗 10~24 h，用 70% 乙醇长期保存。

3. Kolmer 液

0.05 g/mL 重铬酸钾水溶液	20 mL
10% 甲醛	20 mL
冰醋酸	5 mL
0.05 g/mL 三氯乙酸水溶液	5 mL
0.1 g/mL 醋酸钠水溶液	5 mL

此液由于含有钠盐，适用于固定整个眼球及神经组织。固定时间约 24 h。

4. Goldsmith 液

1% 铬酸水溶液	15 mL
0.02 g/mL 重铬酸钾水溶液	4 mL
冰醋酸	1 mL

此液对鸟类胚胎固定效果较佳，固定时间 2~24 h，最好用铁苏木精染色液染色。

5. Smith 液

重铬酸钾	5 g
蒸馏水	87.5 mL
冰醋酸	2.5 mL
甲醛	10 mL

配制后立即使用。适于固定多卵黄的材料，用于蛙卵的固定效果更佳。固定 24~48 h，流水冲洗过夜。

五、乙醇固定液

1. Carnoy 液

无水乙醇	60 mL
氯仿	30 mL
冰醋酸	10 mL

现配现用。此液能固定细胞质和细胞核，尤其适于固定染色体、中心体。用于有丝分裂过程的切片固定最适宜。常用于糖原及尼氏体的固定。小块的组织固定20~40 min 较好，较大的材料固定 3~4 h。

2. Lillie 液

无水乙醇	15 mL
氯仿	15 mL
冰醋酸	15 mL
氯化汞	4 g

用前临时配制。处理同 Carnoy 液。

3. 甲醛 – 乙醇 – 冰醋酸液（FAA 液）

50% 或 70% 乙醇	90 mL
冰醋酸	5 mL
甲醛	5 mL

植物组织除单细胞及丝状藻类外均适用，也适于昆虫和甲壳类的固定，但不适于细胞学研究。此液配制视材料性质而异，如固定木材可略减冰醋酸，略增甲醛。易于收缩的材料可稍增冰醋酸。固定时间最短 18 h，也可无限延长。木质小枝至少固定一周。如用于植物胚胎材料则减少 1 mL 乙醇，增加 1 mL 冰醋酸。

4. 乙醇 – 甲醛液（AF 液）

配方 1：将 10 mL 甲醛加入 90 mL95% 或无水乙醇中。此液兼有脱水作用，固定后材料可直接入 95% 乙醇脱水。适用于皮下组织中肥大细胞的固定。

配方 2：将 6~10 mL 甲醛加入 100 mL70% 乙醇中。此液适于植物切片，特别适用于观察花柱中的花粉管。固定后的材料组织可在此液中长期保存。

六、锇酸固定液

1. Flemming 强液

1% 铬酸水溶液	75 mL
2% 锇酸水溶液	20 mL
冰醋酸	5 mL

临用时现配。它的渗透力极弱，小块组织固定 24~48 h。适于固定脂肪组织。

组织保存于 80% 乙醇。固定的组织需流水冲洗 24 h，染色前需经漂白处理，对番红及苏木精着色较好。

2. Altmann 液

将 0.05 g/mL 10 mL 重铬酸钾水溶液和 10 mL2% 锇酸水溶液混匀即可。临用时现配。为线粒体、脂肪的良好固定剂，小块组织固定 24 h，流水冲洗 24~48 h。用于固定白细胞颗粒效果较好。

3. Champy 液

0.03 g/mL 重铬酸钾水溶液	70 mL
1% 铬酸水溶液	70 mL
2% 锇酸水溶液	40 mL

此液可长期贮存，主要用于线粒体，但穿透力较差，组织块宜小。固定 6~24 h，流水冲洗过夜。

4. Beda 液

10% 铬酸水溶液	3.1 mL
冰醋酸	8 滴
2% 锇酸溶于 2% 铬酸水溶液	12 mL
蒸馏水	41.9 mL

此液用于研究花粉母细胞减数分裂前期效果较好。固定时间 15 min~24 h。

七、铬酸 – 醋酸固定液

根据固定对象的不同，可分为强、中、弱 3 种配方。

	弱液	中液	强液
10% 铬酸水溶液	2.5 mL	7 mL	10 mL
10% 醋酸水溶液	5 mL	10 mL	30 mL
蒸馏水	92.5 mL	83 mL	60 mL

弱液：用于固定较柔软的材料，如藻类、苔藓和蕨类的原叶体等。固定时间较短，一般为数小时，最长可固定 12~24 h，但藻类和蕨类的原叶体可缩短到几分钟至 1 h。

中液：用于固定根尖、茎尖、未成熟子房和胚珠等。为了易于渗透，可在此液中加入 0.02 g/mL 的麦芽糖或尿素。固定时间 12~24 h。

强液：用于固定木质根、茎、成熟子房等。为了易于渗透，可在此液中加入 2% 的麦芽糖或尿素。固定时间 12~24 h 或更长。

八、常用电镜固定液

1. 2.5% 戊二醛磷酸缓冲液固定液

0.2 mol/L 磷酸缓冲液（pH = 7.4）	50 mL
双蒸水	40 mL
25% 戊二醛水溶液	10 mL

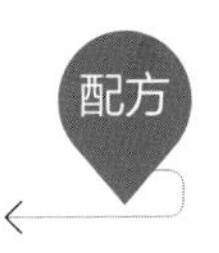

此固定液 pH 值为 7.4。固定时间 1~2 h。经此固定液固定后，组织块须用 0.1 mol/L 磷酸缓冲液洗脱 3~12 h，其间更换缓冲液数次。

2. 2.5% 戊二醛二甲胂酸钠缓冲液固定液

0.2 mol/L 二甲胂酸钠缓冲液（pH=7.4）	75 mL
25% 戊二醛水溶液	25 mL

此固定液 pH 值为 7.2~7.4。固定 1~2 h。经此固定液固定后，组织块须用 0.1 mol/L 二甲胂酸钠缓冲液洗脱 3~12 h，其间更换缓冲液数次。

3. 多聚甲醛 – 戊二醛混合固定液

多聚甲醛	2 g
双蒸水	25 mL
1 mol/L 氢氧化钠水溶液	2~3 滴
0.2 mol/L 二甲胂酸钠缓冲液	15 mL
25% 戊二醛水溶液	10 mL
无水氯化钙	0.025 g

先将多聚甲醛和双蒸水加热至 60~70 ℃，混合成乳状，再加入氢氧化钠使其透明。冷却后再加入其他试剂。经此液固定 1~2 h 后，须用 0.1 mol/L 二甲胂酸钠缓冲液洗 3~12 h。

4. 1% 锇酸固定液

A 溶液：2% 锇酸水溶液	50 mL
B 溶液：0.2 mol/L 磷酸缓冲液（pH = 7.4）	50 mL

用时 A 液和 B 液按 1 ∶ 1 混匀。pH 值为 7.3 ~ 7.4。可用 0.11 mol/L 的 HCl 水溶液和 0.28 mol/L 的巴比妥钠水溶液调 pH 值。置于冰箱内可保存 1~2 周。变色后不可使用。

第4节 常用染色液

1. 硼砂洋红染色液

0.04 g/mL 硼砂水溶液	100 mL
洋红	2~3 g
70% 乙醇	100 mL

将洋红 2~3 g 加入 0.04 g/mL 的硼砂水溶液 100 mL 中，煮沸 30 min，静止 72 h，再加入 70% 乙醇 100 mL，静置 24 h 后过滤。该染色液适用于核的染色及整体标本的染色。

2. 醋酸洋红染色液

洋红	1 g
冰醋酸	90 mL
蒸馏水	110 mL

先将冰醋酸 90 mL 加入 110 mL 蒸馏水中加热煮沸，停火后，加入洋红 1 g（缓慢加入，以防飞溅），滴入 0.01 g/mL 氢氧化铁水溶液数滴（5~10 滴），直至溶液变为红葡萄酒色为止。过滤后储存于棕色瓶中备用。注意氢氧化铁不能加太多，否则洋红会沉淀。此液常用于植物细胞，特别是花粉母细胞的涂片染色。

3. 醋酸地衣红染色液

地衣红	1 g
冰醋酸	90 mL
蒸馏水	110 mL

其配制流程与醋酸洋红相同，用法相似，用于花粉母细胞及根尖等的固定和染色，也用于动物组织弹性纤维的染色。

4. 锂洋红染色液

洋红	3 g
碳酸锂	1 g
蒸馏水	100 mL

将碳酸锂溶于蒸馏水中，再加入洋红，加热煮沸，停火后冷却过滤，存于棕色瓶中，备用。此液适用于分离法制片中平滑肌的染色。

5. 伊红染色液

伊红	1 g
蒸馏水或 95% 乙醇	100 mL

伊红的种类很多，常用的是伊红 B 和伊红 Y。伊红 Y 偏黄色调，伊红 B 偏蓝色调。一般配成 0.005~0.010 g/mL 的水溶液或乙醇溶液，用于复染细胞质。

6. 酸性品红乙醇液

酸性品红	2 g
蒸馏水	10 mL
无水乙醇	90 mL

先在 10 mL 蒸馏水中溶解 2 g 酸性品红，然后加入 90 mL 无水乙醇。此液适用于骨组织的染色。

7. 改良苯酚品红染色液

酸性品红的 70% 乙醇溶液	0.8 mL
0.05 g/mL 苯酚水溶液	7.4 mL
甲醛	0.9 mL
冰醋酸	0.9 mL
45% 醋酸水溶液	90 mL
山梨醇	1.8 g

酸性品红的 70% 乙醇溶液：将 3 g 碱性品红溶于 100 mL 70% 酒精中（此液可长期保存）。

配置方法：将酸性品红的 70% 乙醇溶液 0.8 mL 加入 7.4 mL 苯酚水溶液中，然后依次加入冰醋酸 0.9 mL、甲醛 0.9 mL 和 45% 醋酸水溶液 90 mL，最后加入山梨醇 1.8 g。置于棕色瓶中保存备用。可用于植物根尖的染色。

8. 醛品红染色液

碱性品红	0.5 g
浓盐酸	1 mL
70% 乙醇	100 mL
三聚乙醛	1 mL

将碱性品红溶于70% 乙醇，然后加入浓盐酸和三聚乙醛，轻轻摇动使其混合均匀，于室温下静置1~2 d，待变为紫色即为成熟。过滤，贮存于小口砂塞瓶中，4℃保存备用。

9. 瑞氏 – 吉姆萨染色液

Wright 染色剂	0.25 g
Giemsa 染色剂	0.25 g
甲醇	100 mL
甘油	0~20 mL

将两种染色剂放入研钵内，加入甲醇研磨均匀，再加入甘油研磨均匀后倒入洁净棕色瓶内，密封。置于 37 ℃温箱中，每天早晚各摇匀 1 次，1 周后可用。甘油的量可根据当地空气湿度情况酌情加入，湿度很大时也可不加甘油。此染色液常用于血细胞的染色。

10. Delafied 苏木精染色液

苏木精	4 g
无水乙醇	25 mL
铵矾饱和水溶液	400 mL
甘油	100 mL
甲醇	100 mL

先将苏木精溶于无水乙醇，待溶解后，加入铵矾（硫酸铝铵）饱和水溶液内（浓度约 0.1 g/mL），摇匀后过滤。再加入甘油和甲醇的混合液中，充分混匀后，置于阳光充足处 1~2 个月或暴露于空气中 3~4 个月，成熟后即可染色。此染色液是最常用的细胞核染色液。此液成熟后须密封置于阴冷处，可长期保存使用。

11. Heidenhain 铁（矾）苏木精染色液

甲液（媒染剂）：铁矾（硫酸铁铵）2~4 g 溶于 100 mL 蒸馏水中。

低温避光保存。该液需临用时配制，不能长期保存。如需长期保存则按以下配方配制成长期贮存液。

长期贮存液

铁矾（紫色结晶）	15 g
硫酸	0.6 mL
冰醋酸	5 mL
蒸馏水	500 mL

乙液（染色液）：

苏木精	0.5 g
95% 乙醇	5 mL
蒸馏水	100 mL

使用前 6 周配制。先将苏木精溶于 5 mL 的 95% 乙醇中，用纱布盖瓶或倾盖瓶盖使之与空气接触而充分氧化。用时再加 100 mL 蒸馏水。此液可保存半年。

注意：甲液和乙液不能混合，需单独储存和使用。

12. Mayer 苏木精染色液

苏木精	1 g
钾矾（或铵矾）	50 g
碘酸钠	0.2 g
蒸馏水	1 000 mL
水合氯醛	50 g
枸橼酸	1 g

将苏木精加入煮沸的蒸馏水内，搅拌充分溶解后，依次加入钾矾（硫酸铝钾）、碘酸钠使之充分溶解，最后加入水合氯醛和枸橼酸。加热煮沸 5 min，冷却后过滤使用。染色时间 5~10 min，染色能力较 Ehrich 苏木精强，核染色鲜明。但染色液需新鲜配制，属于进行性染色，染色后不需分色。配方中钾钒也可用铵矾（硫酸铝铵）代替。

13. Ehrich 苏木精染色液

苏木精	1 g
无水乙醇	50 mL
冰醋酸	5 mL
甘油	50 mL
钾矾	5 g
蒸馏水	50 mL

将苏木精溶于乙醇中，再加入冰醋酸后搅拌加速其溶解。苏木精溶解就加入甘油搅拌。将钾矾磨碎并溶于 50 mL 热水中，全溶后逐滴加入苏木精混合液中并搅拌。最后将瓶口用数层纱布封口，置于通风处，并经常摇动促进苏木精氧化成熟。成熟时间大约需要 1~2 月。染色 20 min 后用 1% 盐酸分色，流水充分水洗。颜色持久不易褪色。染液成熟后可保存 1 年以上。若加入 0.2 g 碘酸钠，可立即使用。Ehrich 苏木精染色液可染某些糖胺聚糖（黏多糖物质）如软骨及骨的黏合线，钙化区也可被染，呈深蓝色，但对冷冻切片染色效果不好。

14. Harris 苏木精染色液

苏木精	1 g
无水乙醇	10 mL
铵矾（或钾矾）	20 g
蒸馏水	200 mL
氧化汞	0.5 g
冰醋酸	8 mL

先将苏木精溶于无水乙醇。将铵矾溶于水，加热溶解后加入苏木精乙醇液，煮沸后熄火并慢慢（防止液体溅出）加入氧化汞，全溶后于冷水中快速冷却。冷却液过滤后加入冰醋酸。染液冷却后呈深紫红色。因染色液中加有氧化剂，不能长期保存，保存期 1~2 月。

15. Carazzi 苏木精染色液

配方

苏木精	1 g
甘油	100 mL
钾矾	25 g
蒸馏水	400 mL
碘酸钾	0.1 g

将苏木精溶于甘油，钾矾溶于 380 mL 蒸馏水。待全溶后，将钾矾液慢慢倒入苏木精甘油液，边加边摇荡使之充分混合。将碘酸钾加入 20 mL 蒸馏水内，稍加热至全溶，待冷后慢慢倒入苏木精 - 甘油 - 钾矾混合液，边加边摇至完全混匀即可。保存期半年。此液特别适用于活检组织经冷冻切片的进行性染色。染色步骤简便，能使核着色清晰，细胞质不着色，染色后不需分化。

推荐步骤：

（1）冷冻切片 8 μm，室温固定于 10% 甲醛溶液 20 s，流水冲洗 1 次；

（2）苏木精染色 1 min，流水冲洗 10~20 s（使核色返蓝）；

（3）伊红染色液复染 10 s，流水冲洗 1 次；

（4）脱水、透明、封片。

16. Mallory 磷钨酸苏木精染色液

苏木精	1 g
磷钨酸	20 g
蒸馏水	1 000 mL

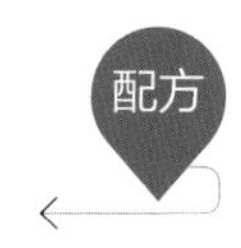

将苏木精和磷钨酸分别溶于 500 mL 水中（可加热），待完全溶解后，将两液混合摇匀。贮存于棕色瓶内放置数月，待其自然成熟。如急用，可加入 0.35 g 高锰酸钾促其成熟。

17. 碘酸钠 – 苏木精染色液

苏木精	1 g
钾矾	50 g
碘酸钠	0.2 g
浓硝酸	40 mL
蒸馏水	1 000 mL

先将钾矾溶于蒸馏水中，再依次加入苏木精、碘酸钠和浓硝酸。此液因加入了氧化剂，须临用前配制。

18. Cason 三色法（Mallory 一步三色法）染色液

酸性品红	1.5 g
苯胺蓝	0.5 g
橘黄 G	1 g
磷钨酸	1 g
蒸馏水	100 mL

先取蒸馏水 50 mL，依次将酸性品红、苯胺蓝、橘黄 G 慢慢加入水中，混合后稍加温溶解。再用另一容器取蒸馏水 50 mL，将磷钨酸溶解。然后把两液混合搅匀，过滤使用。

19. Schiff 试剂

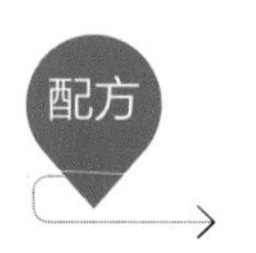

碱性品红	1 g
1 mol/L 盐酸	20 mL
偏重亚硫酸钠	2 g
双蒸水	200 mL

先将 200 mL 双蒸水煮沸，再加入 1 g 碱性品红，搅拌使其完全溶解。冷却至 50 ℃加入 1 mol/L 盐酸 20 mL，待 25 ℃时加入 2 g 偏重亚硫酸钠。此液置黑暗处 18~24 h，加入活性炭 2 g，充分摇荡 5 min，之后变为无色或浅黄色液体。过滤，棕色瓶内装好，封口，放入冰箱中保存，备用。

20. 苏丹黑 B 染色液

苏丹黑 B	300 mg
70% 乙醇	100 mL

将 300 mg 苏丹黑 B 溶于 100 mL70% 乙醇中，磁力搅拌器搅拌 2 h 后密封过夜。用时过滤。保存时间不超过 2 周，超过 2 周染色效果下降。

第5节 常用封藏剂

1. 甘油

多用于运动终板、动物卵细胞、脂肪、类脂体等的染色标本。甘油可溶解碳酸钙，含钙化物质的标本不能应用。由于甘油的折光率低于组织，封藏染色标本不十分清楚。

2. 甘油明胶

甘油明胶的折光率为 1.47，较纯甘油为高，有一定的硬度，用时加温熔化，冷后便凝固。是适用于半永久性片子的含水封藏剂，多用于封藏脂肪、藻类及某些甲壳动物等。

明胶	10 g
蒸馏水	60 mL
甘油	70 mL
石炭酸	0.25 g

将明胶溶于用三角烧瓶盛装的蒸馏水内，加热，使明胶熔化，再加甘油和石炭酸，摇匀，盛于试剂瓶中备用。临用前将甘油明胶置于温箱中熔化后即可封片。

3. 阿拉伯胶（Apathy）

这是一种有较高折光率的含水封藏剂，折光率为 1.52。是荧光显微镜最适宜的含水封藏剂之一。

阿拉伯树胶	50 g
蔗糖	50 g
蒸馏水	50 mL
麝香草酚	0.05 g

微热助溶，贮于试剂瓶内备用。

4. 攸伯拉（Euparal）封藏剂

此封藏剂折光率为 1.48，为微黄色或无色的液体。因其中含铜盐，可加深苏木精染色标本的颜色。切片脱水至 95% 乙醇时，不必透明即可直接用其封藏。

5. 加拿大树胶

此胶产于加拿大冷杉树，是一种固体树脂，常用二甲苯作溶剂。此胶溶于二甲苯后呈透明淡黄色液体。可用作苏木精 - 伊红染色标本的封藏剂。

6. 合成树脂（DPX）

聚苯乙烯（distrene 80）	10 g
酞酸二丁酯（dibutylphthalate）	5 mL
二甲苯	35 mL

这是较通用的常规封藏剂，折光率 1.52。适用于绝大多数的常规染色剂，优于加拿大树胶。

7. 中性树胶

与玻璃的折射率几乎相等。这是一种天然树胶，与加拿大树胶性质相似。市场上有出售的原装中性树胶，可直接用于封固切片（如果较稠，可用二甲苯稀释）。因其使用方便，是目前使用较多的封藏剂。

第2章

非切片法制片实验

由于动植物体的整个生物体在自然状态下，大部分都是不透明的，其细微结构不能直接在显微镜下被观察清楚，需要对其进行特殊处理，以使需要观察的材料减小厚度与体积，并且能透过光线，才能在显微镜下被观察清楚。通常有非切片法和切片法两大类方法。

不用切片机，不经过切片步骤而用物理或化学的方法将生物体组织分离成单个细胞或薄片，或将整个生物体进行整体封藏而实现组织制片的方法，称为非切片法。包括整体制片法、涂片法、印片法、铺片法、压片法、分离法和磨片法。非切片法的优点是能保持每个单位的完整性。这些非切片方法制片操作简单快捷，但适用范围有限。如整体制片法仅用于很小的材料或不用分离的材料；涂片法仅对含有大量水分或完全为液体的组织或器官适用，如血液；分离法所用材料的各组成部分一定要很小，且彼此间的连接成分容易被溶解。非切片法的种类较多，可根据制片的需要进行选择使用。

第1节 整体制片法

用整体制片法制片，一般是体积很小或自身为一薄片的低等动物。如无脊椎动物的水螅、草履虫等。或脊椎动物的胚胎材料，如鸡胚、蛙胚、猪胚等。也可取下某一动物体的某部分器官制成封片，如昆虫的翅、鸟的羽毛、鱼的鳞片等。这些材料取下后经固定、脱水、染色等环节就可以封藏于玻片内，而不需切片。

实验一 原生动物的整体制片

（一）用具与药品

试管、离心机、滴管、载玻片、盖玻片、蛋白甘油、碘酒、Schaudinn 固定液、各级乙醇、1% 酸乙醇、硼砂洋红染色液、二甲苯、中性树胶。

（二）材料

草履虫、眼虫或变形虫等。

（三）操作步骤（以草履虫为例）

（1）收集虫体 将草履虫连同培养液放到试管中，离心使虫体沉于管底。

（2）滴片 取干净的载玻片，滴上一小滴蛋白甘油（粘片剂），用干净手指涂抹于载玻片上（尽量薄而均匀）。把草履虫的集中液用滴管滴在载玻片上，大约经过 24 h，使液滴彻底干燥，此时草履虫紧贴于载玻片上。

（3）固定 将载玻片浸入 Schaudinn 固定液固定 1 h。

（4）脱水及去汞 将载玻片依次浸入 50% 乙醇、70% 乙醇（加 1 滴碘酒，以去除汞色素）、70% 乙醇，每种试剂中停留约 2 min。

（5）染色 用硼砂洋红染色，约 30 min。

（6）脱色 用 1% 酸乙醇脱色，约 1 min。

（7）继续脱水 将载玻片依次浸入 80% 乙醇、90% 乙醇、95% 乙醇、100% 乙醇Ⅰ、100% 乙醇Ⅱ中进行梯度脱水，每种试剂中停留约 2 min。（100% 无水乙醇分为Ⅰ、Ⅱ，顺序不能互换，因此用Ⅰ和Ⅱ来区分。后文凡是标有Ⅰ、Ⅱ、Ⅲ……的均类似。）

（8）透明 将载玻片依次浸入 50% 二甲苯（无水乙醇与二甲苯等体积混合）、100% 二甲苯Ⅰ、100% 二甲苯Ⅱ中进行透明，每种试剂中停留约 5 min。

（9）封藏 用中性树胶封片。

染色结果：草履虫内部结构被染成深浅不同的红色（图 2-1）。

眼虫或变形虫等的内部结构也呈现深浅不同的红色。

图 2-1　草履虫

1. 为什么滴片后要待液滴彻底干燥后才能进行固定？

2. 为什么染色后还要进行脱色？

（五）实验报告

1. 你的实验结果（贴图）

2. 实验总结（心得与体会）

实验二　吸虫的整体制片

（一）用具与药品

培养皿、长方形玻璃板、载玻片、盖玻片、滴管、0.007 g/mL 生理盐水、薄荷醇（menthol）、硼砂洋红染色液、1% 酸乙醇、各浓度乙醇溶液、二甲苯、中性树胶。

（二）材料

日本血吸虫、华肝蛭、布氏姜片虫等。

（三）操作步骤（以华肝蛭为例）

（1）麻醉　经过麻醉之后再固定，虫体不致收缩。撒几粒薄荷醇结晶到盛有华肝蛭的生理盐水表面，30 min 后即可将华肝蛭麻醉。或者将华肝蛭放在水中静置数小时使虫体松弛。

（2）固定　在一块长方形玻璃板上铺 2~3 层粗滤纸，使滤纸饱浸 70% 乙醇。迅速将华肝蛭从生理盐水中取出，平放在滤纸上。再以蘸有 70% 乙醇的滤纸盖在华肝蛭上面，上加玻板，玻板上压一些较重的东西。或将一条华肝蛭夹在两张载玻片之间，用线扎牢，放在 70% 乙醇中固定及压平。12 h 后取下染色。

（3）染色　用硼砂洋红染色 2~12 h。

（4）漂洗　用 70% 乙醇洗 10 min。

（5）分化　经 1% 酸乙醇分化，直至内部结构能看清楚为止。

（6）脱水　经 70% 乙醇、80% 乙醇、95% 乙醇Ⅰ、95% 乙醇Ⅱ、100% 乙醇Ⅰ、100% 乙醇Ⅱ进行梯度乙醇脱水，每种试剂中停留 5 min。如发现虫体卷曲，可在移入 70% 乙醇后，把华肝蛭夹在两张载玻片之间稍压，展平后再继续脱水。

（7）透明　分别浸入 50% 二甲苯、100% 二甲苯Ⅰ、100% 二甲苯Ⅱ中进行透明，每种试剂中停留约 10 min。

（8）封藏　用中性树胶封片。

染色结果：华肝蛭内部结构被染成红色（图 2-2）。

日本血吸虫（图 2-3）、布氏姜片吸虫（图 2-4）内部结构被染成深浅不同的红色。

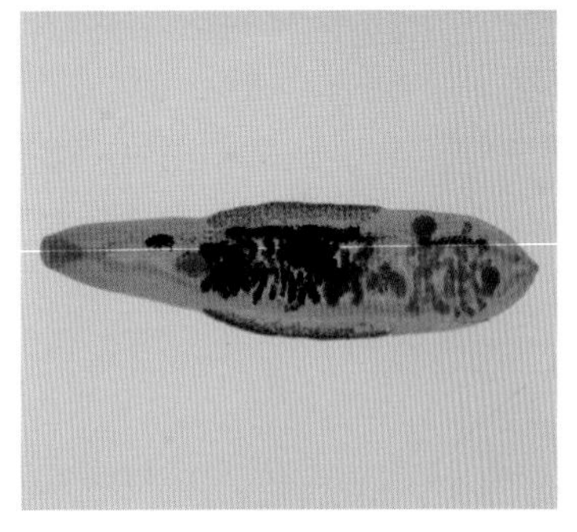

图 2-2 华肝蛭

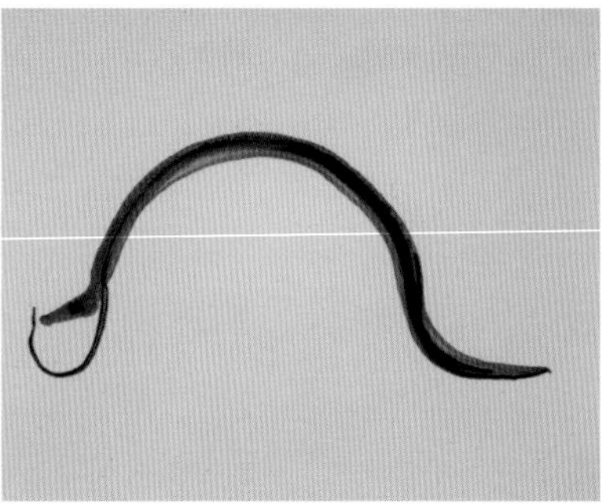

图 2-3 日本血吸虫（雌雄合抱）

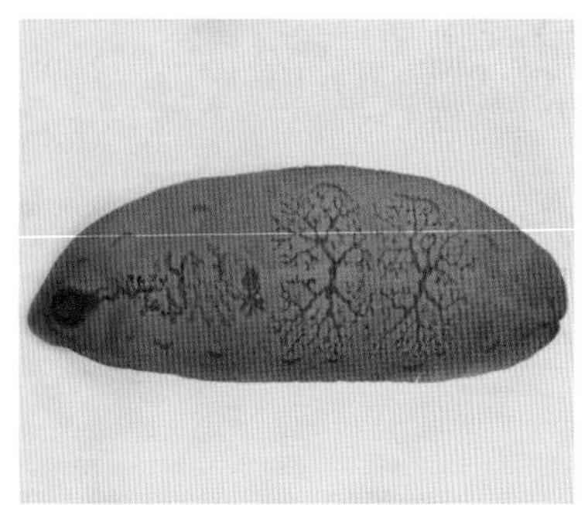

图 2-4 布氏姜片虫

（四）思考题

为什么固定之前要先麻醉并用两张载玻片夹紧虫体？

（五）实验报告

1. 你的实验结果（贴图）

2. 实验总结（心得与体会）

实验三　昆虫附属结构的整体制片

（一）用具与药品

载玻片、盖玻片、线、小镊子、10% 氢氧化钠、5% 醋酸、各浓度乙醇溶液、二甲苯、中性树胶。

（二）材料

昆虫的口器、足、蜜蜂的翅等。

（三）操作步骤（以足为例）

（1）取材 把家蝇浸在 95% 乙醇中杀死。用镊子小心取下其足。

（2）固定 把取下的足夹在两张载玻片之间，用线扎住，不可太紧。然后浸入 70% 乙醇中固定 24 h 以上。

（3）复水 浸入 50% 乙醇及蒸馏水，各 10 min。

（4）去色素 在 10% 氢氧化钠中浸泡 3~6 d，至变为淡黄色透明为止。然后取出用清水洗涤，再浸入 5% 醋酸中 30~60 min 以中和碱性。再用蒸馏水洗 2 次。

（5）脱水 经 50% 乙醇、70% 乙醇、80% 乙醇、95% 乙醇Ⅰ、95% 乙醇Ⅱ、100% 乙醇Ⅰ、100% 乙醇Ⅱ进行脱水，每种试剂中停留约 1 h。

（6）透明 依次浸入 50% 二甲苯、100% 二甲苯Ⅰ、100% 二甲苯Ⅱ中，各 30 min。

（7）封藏 用中性树胶封片。

染色结果：家蝇的足（图 2-5），果蝇的足（图 2-6）。

图 2-5　家蝇的足

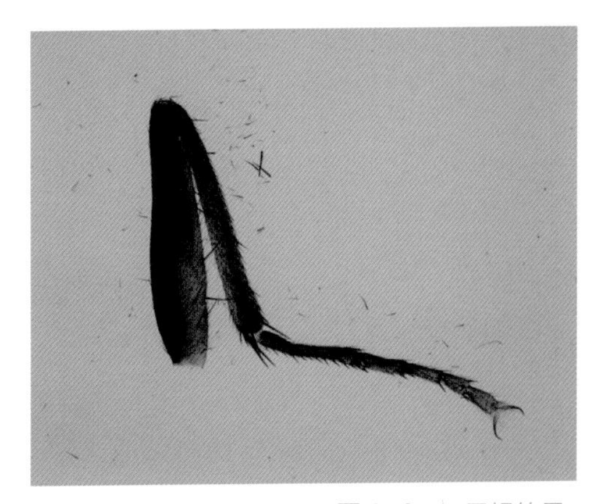

图 2-6　果蝇的足

制备口器（图 2-7）或翅（图 2-8）则不需要去色素，可省去步骤（3）和（4）。

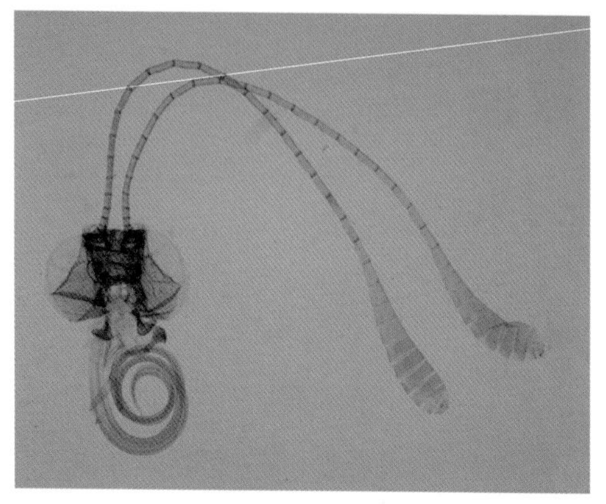

图 2-7 蝴蝶的口器与触角

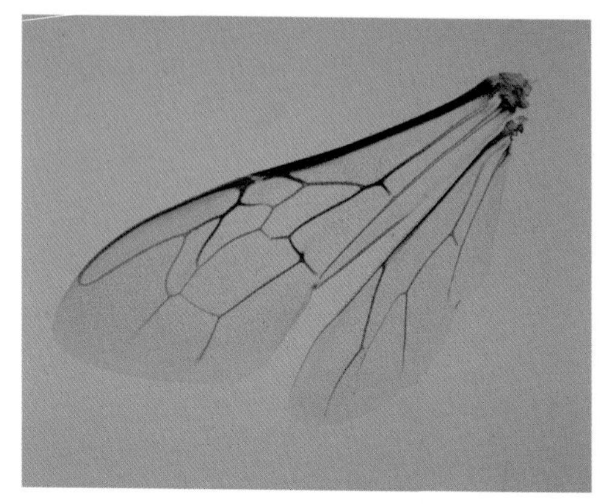

图 2-8 蜜蜂的翅

（四）思考题

为什么制备昆虫足的整体装片需要去色素，而昆虫的口器或翅则不需要去色素？

（五）实验报告

1. 你的实验结果（贴图）

2. 实验总结（心得与体会）

第2节 涂片法

涂片法主要是指液体或半流动性的材料，不能切成薄片但可涂在玻片上，再经固定与染色等程序制成标本。如血液、精液、尿、痰、粪便等，一些微生物等也可用涂片法制片。

实验一 血细胞涂片

（一）用具与药品

一次性塑料注射器、载玻片、盖玻片、乙醇棉球、记号笔（或蜡笔）、吸水纸、甲醇、蒸馏水、pH6.4~6.8 的$\frac{1}{15}$ mol/L 磷酸缓冲液、瑞氏－吉姆萨染色液、中性树胶。

（二）材料

鱼、蛙或蟾蜍、蜥蜴、兔等脊椎动物。

（三）操作步骤（以血细胞涂片为例）

（1）采血 先用浸湿的毛巾把鱼固定，用乙醇棉球轻轻擦拭取血插针部位，然后用一次性注射器从鱼的尾部血管抽取血液。

（2）涂片 取一张洁净的载玻片平放于实验台上，用注射器弃去第一滴血液后再在载玻片上靠近一端滴一小滴血液，另用一张边缘光滑的洁净载玻片，以其末端边缘置于血滴左线，然后稍向后退，血液就充满在两载玻片的斜角中，再以30° 角(斜度愈小，涂片愈薄)向左边推动(图2-9)，即涂成血液薄膜。推动时用力不能太大，要均匀并保持一定的速度。过慢，涂片则较厚。注意不能反复涂抹。

（3）干燥 手持涂片在空气中来回摇晃几次，以加速其干燥。

（4）固定 待涂片完全干燥后，放入固定液甲醇中固定 5 min。

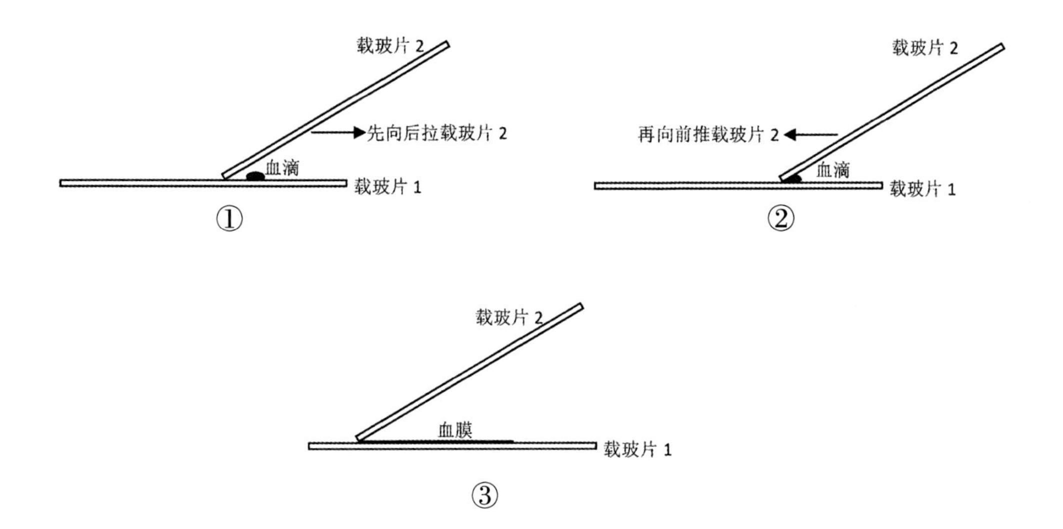

图 2-9　血细胞涂片过程示意图

（5）染色　从固定液中取出后，如涂片数量多则用染色缸染色（简称缸染），如数量少，为节省染液，可将染色区域用记号笔（或蜡笔）圈起，将染液直接滴于血膜上染色（简称滴染）。用瑞氏－吉姆萨染色液染色约 2 min，加等量$\frac{1}{15}$ mol/L 磷酸缓冲液分色 3 min。

（6）冲洗　倾去染液，蒸馏水冲洗至血膜呈淡紫红色。

（7）干燥与封片　直立晾干或 37 ℃烘干，中性树胶封片。

染色结果：红细胞的细胞核呈紫红色，胞质呈橘红色；中性粒细胞胞质为粉红色或无色，内含细小的紫红色或无色颗粒，核分叶；淋巴细胞的细胞核圆形，呈深紫色，胞质少，呈天蓝色；单核细胞核椭圆形至马蹄形，胞质呈灰蓝色（图 2-10）。

牛蛙的血涂片中嗜酸性粒细胞内的颗粒呈砖红或橘红色，嗜碱性粒细胞内的颗粒呈蓝黑色或黑色（图 2-11）。

也可以通过涂片的方式制备精液显微标本，在显微镜下观察其形态（图 2-12）。

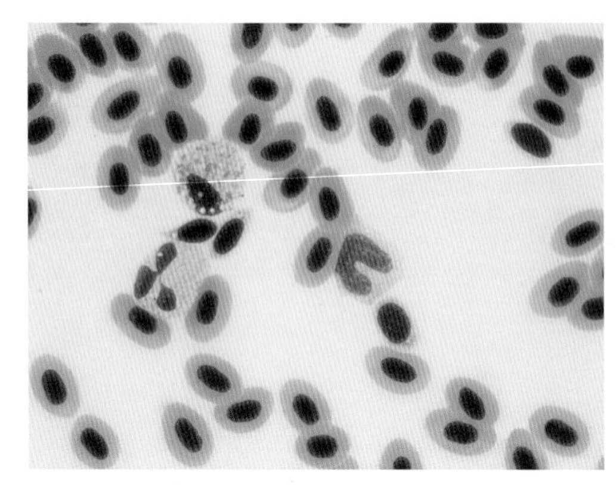
图 2-10 胭脂鱼外周血细胞

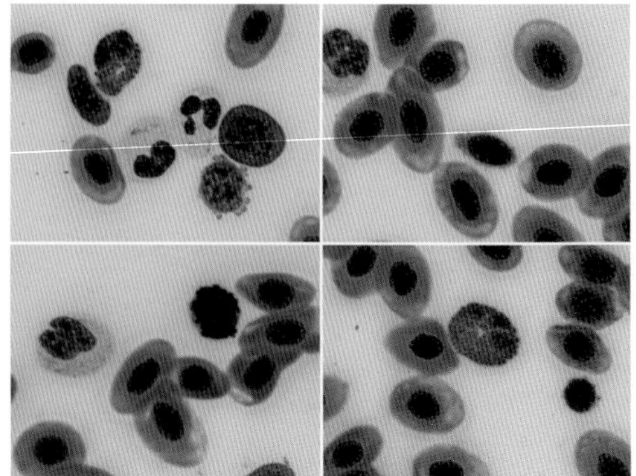
图 2-11 牛蛙的各类血细胞

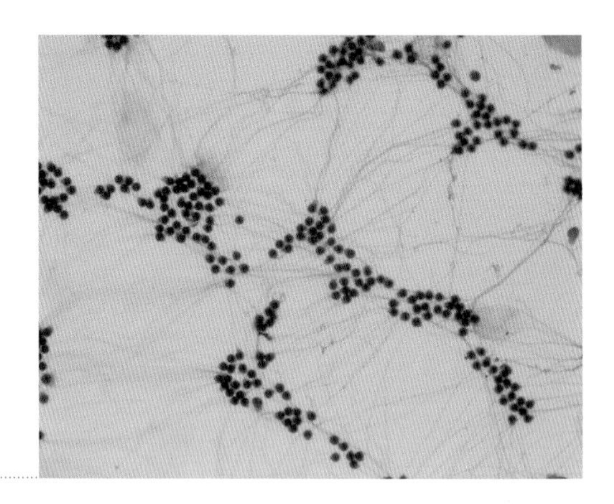
图 2-12 南方鲇精子涂片

（四）思考题

1. 为什么血液应滴在载玻片 2 的后方而不是前方？
2. 一张制备良好的血细胞涂片应具备哪些特点？

（五）实验报告

1. 你的实验结果（贴图）

2. 实验总结（心得与体会）

实验二 花粉母细胞减数分裂涂片

（一）用具与药品

解剖刀、载玻片、盖玻片、培养皿、铬醋酸弱液、0.02 g/mL 铁矾溶液、苏木精染色液、各浓度乙醇溶液、二甲苯、中性树胶。

（二）材料

植物的花药均可，但以大的花药较为方便。

（三）操作步骤

（1）取材 自花蕾中解剖出花药，放在洁净的载玻片上（必须非常清洁，不带油脂）。

（2）涂片 用清洁的刀片压在花药上，向一端抹去，使花粉母细胞压出，涂抹在载玻片上成均匀而疏散的一层。

（3）固定 立即将涂好的片子反过来以水平方向放入盛有铬醋酸弱液的培养皿（其内侧两边各放一小玻棒，片子置其上）中固定，30 min 后取出玻片，流水缓缓冲洗，到固定液彻底冲净为止。

（4）媒染 用 0.02 g/mL 铁矾媒染 1 h，自来水洗 5 min。

（5）漂洗 用蒸馏水漂洗。

（6）染色 浸入苏木精染色液染色 24 h，水洗 5 min。

（7）分色 浸入 0.02 g/mL 铁矾溶液分色 1 h，流水洗 30 min。

（8）脱水 分别浸入 50% 乙醇、70% 乙醇、80% 乙醇、95% 乙醇Ⅰ、95% 乙醇Ⅱ、100% 乙醇Ⅰ、100% 乙醇Ⅱ中进行脱水，每种试剂中停留 10min。

（9）透明 分别浸入 50% 二甲苯、100% 二甲苯Ⅰ、100% 二甲苯Ⅱ中进行透明，每个浓度中停留 10 min。

（10）封藏 用中性树胶封片。

染色结果：花粉母细胞分裂时期的染色体被染成蓝黑色，细胞质浅灰色或近无色。

苏木精染色前和染色后均用到了铁钒溶液，其作用有什么异同？

（五）实验报告

1. 你的实验结果（贴图）

2. 实验总结（心得与体会）

第3节 印片法

印片法是将动物组织从动物体上分离下来后，用其表面或切面在载玻片上轻轻印贴，使所需细胞黏附在载玻片上，再经固定、染色、封片等过程制成标本的方法。如低等动物造血组织的印片、膀胱内膜印片等。

实验一 造血组织印片——观察血细胞的发育与有丝分裂

（一）用具与药品

小剪刀、小镊子、解剖刀（手术刀）、载玻片、盖玻片、记号笔（或蜡笔）、纱布（或毛巾）、滤纸、吸水纸、甲醇、pH6.4~6.8 的$\frac{1}{15}$ mol/L 磷酸缓冲液、瑞氏－吉姆萨染色液、中性树胶。

（二）材料

鱼的肾脏或脾脏（造血组织）。

（三）操作步骤

（1）处死 把鱼断头处死或用麻醉剂麻醉处死。

（2）取肾脏 用浸湿的纱布把鱼固定，使其腹部朝上。用小剪刀从其泄殖孔向前剪开腹部，用小镊子轻轻取出肾脏置吸水纸上，吸去表面血迹。

（3）印片 取一张洁净的载玻片平放于实验台上，用解剖刀将肾脏切成小段，然后用小镊子轻轻夹起切小的肾脏组织块，将其切面轻轻在吸水纸上印一下，吸去大量的血液后，再在玻片上印印迹。每一切面可印 2~3 个印迹。

（4）干燥 手持印片在空气中来回摇晃几次，以加速其干燥。

（5）固定 待印片完全干燥后，放入甲醇中固定 5 min。

（6）染色　从甲醇中取出干燥后染色，如印片数量多则缸染，数量少则滴染。滴加瑞氏 - 吉姆萨染色液染色约 2 min。

（7）分色　滴加等量$\frac{1}{15}$ mol/L 磷酸缓冲液或蒸馏水 3 min，然后倾去染液，用水冲洗至血膜呈浅蓝紫色。

（8）干燥　直立晾干或 37 ℃烘干。

（9）封藏　用中性树胶封片。

染色结果：可见各细胞系的不同发育阶段的细胞（图 2-13），还可见处于有丝分裂各时相的细胞（图 2-14）。

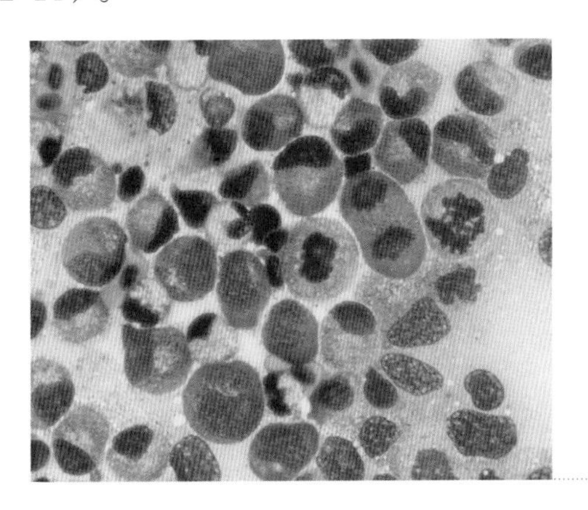

图 2-13　鱼肾脏印片

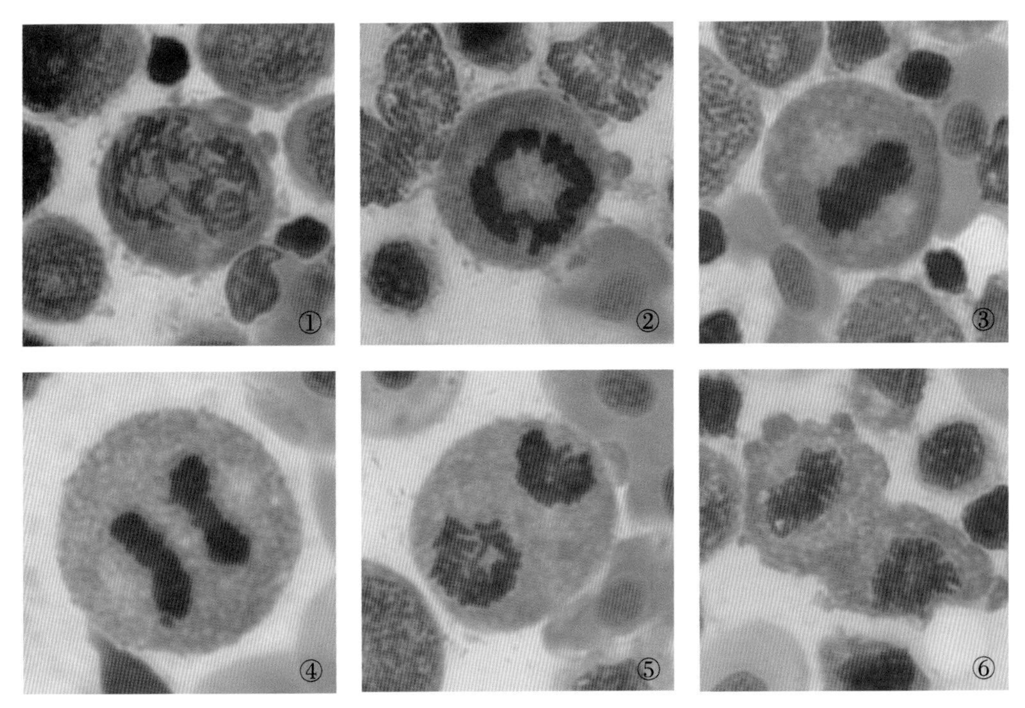

①前期；②③中期；④⑤后期；⑥末期

图 2-14　原始血细胞的有丝分裂过程

如何制备一张合格的造血组织印片？制作过程中应注意哪些细节？

（五）实验报告

1. 你的实验结果（贴图）

2. 实验总结（心得与体会）

实验二 膀胱内膜印片——观察无丝分裂

（一）用具与药品

小剪刀、小镊子、解剖刀（手术刀）、载玻片、盖玻片、滤纸、乙醚、Bouin 固定液、苏木精染色液、0.01 g/mL 伊红醇溶液、各级乙醇、二甲苯、中性树胶。

（二）材料

小白鼠膀胱（观察无丝分裂）。

（三）操作步骤

（1）取膀胱 将小白鼠用乙醚麻醉处死，剖开腹腔，取出膀胱。

（2）印片 剪开膀胱内壁，将黏膜面朝载玻片轻轻印贴一下，细胞即被印在载玻片上。

（3）干燥 手持印片在空气中来回摇晃几次，以加速其干燥。

（4）固定 待印片完全干燥后，放入 Bouin 固定液中固定 30 min。

（5）漂洗 将玻片浸入 70% 乙醇中 30 min，更换乙醇 1~2 次洗去黄色。

（6）复水 依次浸入 50% 乙醇、30% 乙醇溶液中各 2 min，然后蒸馏水洗。

（7）染色 用苏木精染液染色 5~10 min，水洗以去浮色。

（8）脱水 依次浸入 50% 乙醇、70% 乙醇、80% 乙醇、95% 乙醇中脱水，各 10 min。

（9）复染 入伊红醇溶液（溶于 95% 乙醇）复染 30 s。

（10）继续脱水 依次浸入 100% 乙醇Ⅰ和 100% 乙醇Ⅱ中，各 10 min。

（11）透明 依次浸入 50% 二甲苯、100% 二甲苯Ⅰ、100% 二甲苯Ⅱ中，各 10 min。

（12）封藏 用中性树胶封片。

染色结果：细胞核蓝色，细胞质红色。

（四）实验报告

1. 你的实验结果（贴图）

2. 实验总结（心得与体会）

第 4 节　铺片法

铺片法主要用于薄层或单层细胞膜组织的制片，如肠系膜、疏松结缔组织等。

实验一 肠系膜铺片

（一）用具与药品

蜡盘（或小软木板）、剪刀、镊子、载玻片、盖玻片、0.01 g/mL 硝酸银水溶液、0.007 5 g/mL 生理盐水、各级乙醇、二甲苯、中性树胶。

（二）材料

蛙或蟾蜍的肠系膜、鱼的肠系膜。

（三）操作步骤（以蛙的肠系膜为例）

（1）麻醉　将活蟾蜍置于放有乙醚棉球的倒置烧杯内，使之被麻醉致死。

（2）取材　固定动物四肢于蜡盘上，剪开腹部皮肤和腹壁，用镊子取下小肠处肠系膜约 1 cm^2，生理盐水洗净后放于载玻片上。

（3）染色　滴加 1% 硝酸银水溶液于肠系膜上，将其覆盖。立即置日光下 3~5 min 或灯光下 10~20 min，肠系膜变为浅褐色时，倒去硝酸银水溶液，用蒸馏水洗去残留染液。

（4）如是临时装片，此时可滴加 1~2 滴甘油，盖上盖玻片立即观察。如要制成永久装片，则从第 3 步直接进入第 5 步。

（5）在自来水中放数分钟。

（6）脱水　依次浸入 50% 乙醇、70% 乙醇、80% 乙醇、95% 乙醇Ⅰ、95% 乙醇Ⅱ、100% 乙醇Ⅰ、100% 乙醇Ⅱ中进行脱水，各 10 min。并在 95% 乙醇Ⅰ中将肠系膜稍加修剪成规则的小块。

（7）透明 依次浸入 50% 二甲苯、100% 二甲苯Ⅰ、100% 二甲苯Ⅱ中，各 10 min。

（8）封藏 用中性树胶封片。注意滴胶前一定要小心将肠系膜展平。

染色结果：细胞边界呈黑色，细胞核及细胞质浅棕黄色或近无色（图 2-15）。

图 2-15 蛙的肠系膜铺片

（四）思考题

铺片上滴加硝酸银溶液后，要立即置日光或灯光下，其作用是什么？

（五）实验报告

1. 你的实验结果（贴图）

2. 实验总结（心得与体会）

实验二 疏松结缔组织铺片

（一）用具与药品

解剖刀、解剖针、镊子、载玻片、盖玻片、10% 中性甲醛溶液、0.01 g/mL 伊红水溶液、各级乙醇、二甲苯、中性树胶。

（二）材料

哺乳动物的皮下或肌肉间结缔组织。

（三）操作步骤（以兔皮下结缔组织为例）

（1）铺片 解剖动物并镊取少量皮下结缔组织放在洁净载玻片上，用解剖针向四周铺展成一薄层，完全晾干。

（2）固定 用 10% 中性甲醛溶液固定 24 h。

（3）水洗 蒸馏水浸泡 24 h，中间换水 2 次。

（4）染色 浸入伊红水溶液 5 min。

（5）漂洗 蒸馏水漂洗。

（6）脱水 依次浸入 50% 乙醇、70% 乙醇、80% 乙醇、95% 乙醇Ⅰ、95% 乙醇Ⅱ、100% 乙醇Ⅰ、100% 乙醇Ⅱ中进行脱水，每种试剂中停留 5 min。

（7）透明 浸入 50% 二甲苯、100% 二甲苯Ⅰ、100% 二甲苯Ⅱ中透明，各 10 min。

（8）封藏 用中性树胶封片。

染色结果：弹性纤维着色深，呈红色，细线状，末端常卷曲。胶原纤维着色稍浅呈粉色，细带或波浪状，数量较多（图 2-16）。

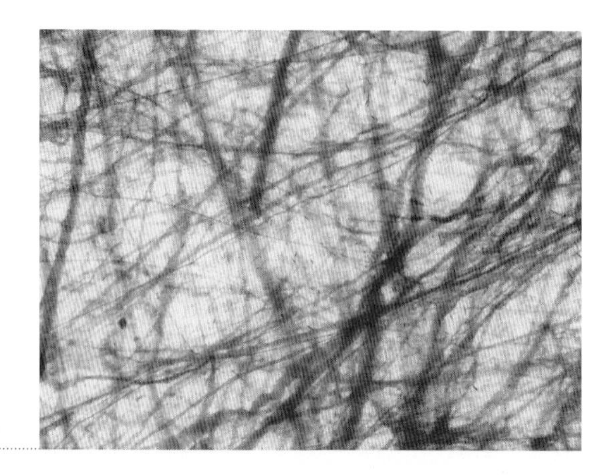

图 2-16 疏松结缔组织铺片

（四）实验报告

1. 你的实验结果（贴图）

2. 实验总结（心得与体会）

实验三 洋葱表皮铺片

（一）用具与药品

解剖刀、解剖针、镊子、载玻片、盖玻片、0.01 g/mL 美蓝水溶液（或碘液）、各级乙醇、二甲苯、中性树胶。

（二）材料

洋葱。

（三）操作步骤

（1）准备玻片 用滴管在洁净的载玻片中央滴一滴清水。

（2）取材 用解剖刀在洋葱鳞叶片内壁划一个“井”字，用镊子取下“井”中洋葱表皮，放至载玻片的水滴中央。

（3）铺片 用解剖针轻轻把水滴中的表皮薄膜展开，展平，不能折叠。

（4）盖片 用镊子夹起盖玻片，使它的一端先接触载玻片上的液滴，然后缓缓放平。注意不能有气泡。

（5）染色 在盖玻片的一侧滴加美蓝染液（或碘液），并把玻片微微倾斜，在载玻片的另一侧用吸水纸吸掉多余的液体。重复 2~3 次，使染液完全浸润标本。（如是临时装片，此时可以放在显微镜下进行观察；如要制成永久装片，则继续以下步骤。）

（6）脱水 依次浸入 50% 乙醇、70% 乙醇、80% 乙醇、95% 乙醇Ⅰ、95% 乙醇Ⅱ、100% 乙醇Ⅰ、100% 乙醇Ⅱ中进行脱水，各 10 min。

（7）透明 依次浸入 50% 二甲苯、100% 二甲苯Ⅰ、100% 二甲苯Ⅱ中进行透明，各 10 min。

（8）封藏 用中性树胶封片。此时必须小心将表皮薄膜展平。

染色结果：细胞结构各部分呈深浅不同的蓝色（图 2-17）。

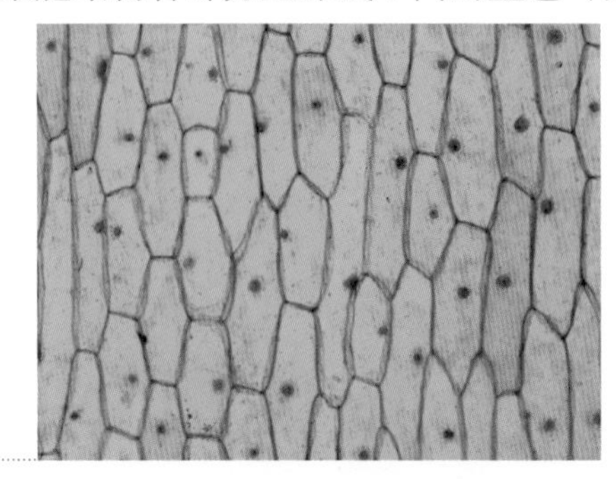

图 2-17 洋葱表皮铺片

铺片后染色前加盖玻片的作用是什么？

(五)实验报告

1. 你的实验结果(贴图)

2. 实验总结(心得与体会)

第5节 压片法

压片法指一些柔软的材料可夹在载玻片或盖玻片间进行压碎或压开，经染色后进行观察。该法可用于观察有丝分裂过程，检查染色体数目，统计各种理化因素处理后染色体畸变的类型和频率。

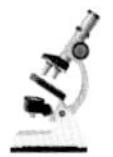

实验一 双翅目幼虫唾液腺染色体制片法

（一）用具与药品

解剖针 2 支、载玻片、盖玻片、吸水纸、Ringer 液、醋酸地衣红染色液、各浓度乙醇、二甲苯、中性树胶。

（二）材料

果蝇三龄幼虫或摇蚊幼虫。

（三）操作步骤（以果蝇幼虫为例）

（1）取材 取洁净载玻片 1 张，加 1 滴 Ringer 液于载玻片上，把幼虫放在此液左方。将载玻片放在双目解剖镜下（衬以黑色背景更易于观察），左手持解剖针固定虫体尾端，右手持另一解剖针插入口部中央向右稳拉，拉出的唾液腺浸在 Ringer 液中。唾液腺为两条白色透明香肠状物，连在食道两侧。用 2 支解剖针将唾液腺以外的结构及脂肪去掉。

（2）染色 另取一洁净载玻片（如制永久制片需涂蛋白甘油），滴醋酸地衣红染色液 1 滴，以右手持针将解剖出来的唾液腺移至染液中，浸染 5 min。

（3）压片 将盖玻片轻放在染液上，上覆吸水纸，用右手食指在纸上往返擦拭，去掉过多的染液，然后再换一张干净的吸水纸，以手指用较大的压力把腺体压碎，至盖玻片下呈很浅的粉红色为止。显微镜下观察可看到染色体散得很好，并有清晰的条纹。注意在染色前不要使腺体干燥，否则难以得到优良的制片。

（4）封片 以熔化的石蜡将盖玻片封起来，可保存数星期。如要制成永久制片，需在第 3 步后进入第 5 步继续。

（5）固定 将载玻片及盖玻片一起放在盛有少量（约 1 cm 高）纯乙醇的染色缸中，盖严，用乙醇蒸气处理 12~24 h，然后全部浸入纯乙醇中 1 h 后，用针轻轻挑开盖玻片。

（6）脱水 将分离后的盖玻片及载玻片均置于 100% 乙醇Ⅰ、100% 乙醇Ⅱ中进行脱水，各 30 min。

（7）透明 依次浸入 50% 二甲苯、100% 二甲苯Ⅰ、100% 二甲苯Ⅱ中进行透明，各 30 min。

（8）封藏 用中性树胶封片。

染色结果：染色体的明带呈浅红色，暗带呈深红色。

（四）思考题

要得到一张好的染色体压片，制作过程中需注意哪些细节？

（五）实验报告

1. 你的实验结果（贴图）

2. 实验总结（心得与体会）

实验二　植物根尖压片法

（一）用具与药品

小镊子、双面刀片、载玻片、盖玻片、小烧杯、解剖针、培养皿、酒精灯、吸水纸、0.000 5 g/mL 秋水仙素、各浓度乙醇，1 mol/L HCl，45% 醋酸，Carnoy 固定液，醋酸洋红染色液、中性树胶。

（二）材料

洋葱或大蒜根尖等。

（三）操作步骤（以洋葱根尖压片为例）

（1）取材　取根冠以上的生长区 1~2 cm，并把根冠和伸长区切除。

（2）预处理　用秋水仙素处理 2~12 h。

（3）固定　用 Carnoy 固定液固定 2~24 h（低温固定的效果较好，可 4 ℃固定 24 h）。经固定后的材料用 90% 乙醇漂洗，换至 70% 乙醇中于 4 ℃长期保存。以固定后立即压片的效果最好。

（4）解离　固定后的材料依次浸入 50% 乙醇、30% 乙醇、蒸馏水中洗涤，转入 1 mol/L 的 HCl 中，60 ℃恒温处理 5~20 min。如果以后要进行孚尔根染色，则温度变化严格控制在 ±1 ℃之间。

（5）压片与染色　取根尖置载玻片上，用镊子或刀片截除根冠和伸长区，只留 1~2 mm 的分生区，加约 1 滴醋酸洋红染色液进行染色，染色时用镊子尖端将材料分割成若干小碎块，这样可加速染色和使染色内外均匀。

（6）分色与软化　染色完成后，用吸水纸小心吸去多余染色液，然后滴 1 滴 45% 醋酸，使材料分色和软化。完成后加盖盖玻片并吸去盖玻片周围多余的醋酸。

（7）分散　左手按住盖玻片，右手用小镊子柄部在盖玻片上对准根尖轻轻敲打，使细胞均匀散开。必要时也可用手指对盖玻片施加适度压力，常会得到十分满意的结果。注意手指压力不可过大，否则会压破细胞，造成染色体的流失、断裂或卷曲变形。

（8）冷冻　把玻片放入冰箱中的冰室内冷冻 0.5 h 或在半导体制冷器上冷冻 10 min。

（9）脱水　用刀片迅速揭下盖玻片，依次浸入 50% 乙醇、70% 乙醇、80% 乙醇、95% 乙醇Ⅰ、95% 乙醇Ⅱ、100% 乙醇Ⅰ、100% 乙醇Ⅱ中进行梯度乙醇脱水，每种试剂中停留 5 min。

（10）透明 依次浸入50%二甲苯、100%二甲苯Ⅰ、100%二甲苯Ⅱ中进行透明，各 10 min。

（11）封藏 用中性树胶封片。

染色结果：细胞核深红色，细胞质浅红色。

（四）思考题

制备洋葱根尖压片取材时为什么只留分生区，而去掉根冠和伸长区？

（五）实验报告

1. 你的实验结果（贴图）
2. 实验总结（心得与体会）

第 6 节　分离法

为了观察在组织或器官里的单个细胞的形状，必须设法使细胞与细胞间的间质消除（细胞便各自分离开来），再经染色后制成切片的方法叫分离法。

一般有两种方法：① 浸渍分离法，是利用药品使细胞间质溶解，细胞便能自动分离，取出单个细胞经过染色、脱水、透明等处理封成片子；② 撕碎法，材料经固定或浸渍到一定程度后，用解剖针在解剖镜下撕开的方法，如观察单个的神经纤维即可用此方法制片。

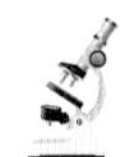

实验一　平滑肌分离制片法

（一）用具与药品

离心机、解剖剪、解剖针、吸管、玻皿、小广口瓶、载玻片、盖玻片、FAA 液（固定液）、锂洋红染色液、1% 醋酸、各级乙醇、冬青油、树胶。

（二）材料

蛙或蟾蜍的胃。

（三）操作步骤

（1）固定　将一块蛙胃固定于 FAA 液中 24 h 以上。

（2）修整与洗涤　将材料剪成长 4~5 mm 的小段，用 50% 乙醇、30% 乙醇及蒸馏水各浸泡 4~5 h。多换几次蒸馏水。

（3）染色　用锂洋红染色液在室温下染色 15~30 d。在 50~60 ℃的温箱中染色 7 d 左右。其间需经常检查材料的软硬程度。若用针拨组织，肌纤维能够分离时，即可停止染色。

（4）固色 用 1% 醋酸水溶液固定染料 5 min，蒸馏水洗数次，以去除醋酸。

（5）分离 用两支解剖针把材料充分撕散，将离散的材料连同蒸馏水一并倒在一小广口瓶中，塞紧瓶盖，用力来回摇动小广口瓶，使材料更分离。停止摇动后不久，已分离的平滑肌纤维较轻，来不及沉在瓶底而悬浮于蒸馏水中。把小广口瓶中含有平滑肌纤维的蒸馏水迅速倒入另一瓶中，待其沉淀至瓶底后，再把蒸馏水全部吸出。

（6）脱水 在 70% 乙醇、80% 乙醇、95% 乙醇Ⅰ、95% 乙醇Ⅱ、100% 乙醇Ⅰ、100% 乙醇Ⅱ中各停留 1 h。因为材料已分离，不易集中，容易丢失，故更换乙醇时需先用离心机进行离心，再小心地去除乙醇，这样才不会把材料浪费掉。

（7）透明 在纯乙醇冬青油（体积比为 1 ∶ 1）及纯冬青油中各浸 1~4 h，使材料透明。更换液体前也需要先离心处理。

（8）封藏 用吸管吸取一小部分材料放在树胶内调匀。然后将一小滴带有平滑肌纤维的树胶滴于载玻片中央，加盖玻片进行封藏。

染色结果：平滑肌纤维粉红色，核红色（图 2-18）。

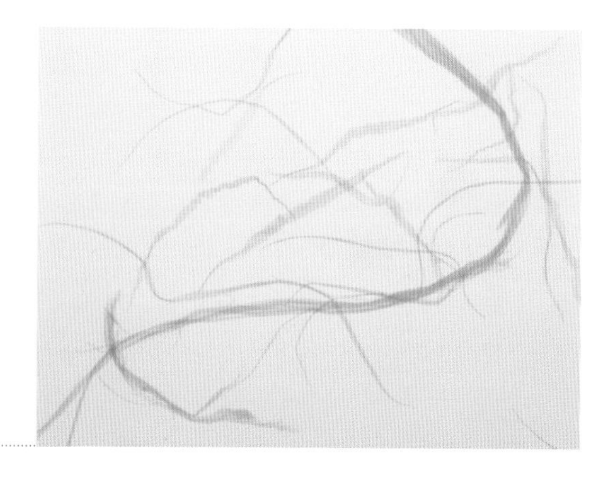

图 2-18 分离的平滑肌

为什么材料分离之后的脱水和透明过程中均需要进行离心处理？

（五）实验报告

1. 你的实验结果（贴图）

2. 实验总结（心得与体会）

实验二 木本植物茎的分离制片

观察细胞的完整形态（如导管、管胞、筛管、伴胞以及韧皮纤维等）可用此法进行制片。

（一）用具与药品

离心机、解剖针、镊子、玻璃棒、载玻片、盖玻片、离散液（10% 铬酸与10% 硝酸等量混合）、0.01 g/mL 番红水溶液、各浓度乙醇、二甲苯、树胶。

（二）材料

各种木本植物的茎。

（三）操作步骤

（1）取材 取任何木本植物的茎纵劈成细条，再切成 5 mm 长的小段。

（2）除气 放在水中加热煮沸，冷却，反复几次直到材料内部气体全部除尽，材料下沉为止。

（3）离散 投入离散液中 24~48 h，用玻璃棒轻轻捣散材料后进行离心处理，倒去离散液，取出粗大未离散的块状组织。

（4）清洗 用水彻底洗净离散液（4~7 步均须离心处理）。

（5）染色 浸入番红水溶液染色 1 h 左右。

（6）脱水 依次浸入 50% 乙醇、70% 乙醇、80% 乙醇、95% 乙醇、100% 乙醇Ⅰ、100% 乙醇Ⅱ中脱水，各 5 min。

（7）透明 浸入 50% 二甲苯、100% 二甲苯Ⅰ、100% 二甲苯Ⅱ中透明，各 5 min。

（8）封藏 用干净镊子取少许离心后的沉淀，放在载玻片上滴加树胶，用解剖针把材料拨匀后封上盖玻片。

染色结果：导管、管胞、筛管、伴胞等各种结构均呈现淡红色。

动物组织和植物组织的分离制片有什么异同？

（五）实验报告

1．你的实验结果（贴图）

2．实验总结（心得与体会）

第7节 磨片法

磨片法主要用于含有钙盐等矿物质成分的坚硬材料，如脊椎动物的牙齿、骨，软体动物的介壳、珊瑚虫的骨骼等可不经切片而制成磨片标本。

实验一 动物骨骼的磨片

（一）用具与药品

骨锯、刷子、细磨石、油磨石、鐴刀皮、载玻片、盖玻片、乙醚、各浓度乙醇、2%酸性品红乙醇液、润滑油、0.007 5 g/mL 硝酸银水溶液、甲醛、对苯二酚、1% 双氧水、二甲苯、中性树胶。

（二）材料

齿、鳍条、贝壳、骨板等坚硬部分。

（三）操作步骤（以骨为例）

（1）清洗与脱脂 将骨放在温水中浸泡数日，使其周围的结缔组织和肌肉腐烂，刷洗干净，晒干后放入 95% 乙醇中浸泡数日脱脂。晾干。

（2）锯片 锯成 1~2 mm 厚的薄片。横切和纵切的面必须很正。

（3）粗磨 在粗磨石上加水磨至约 0.2 mm 厚的薄片，厚薄必须均匀。

（4）细磨 用细磨石磨成 20~30 μm 的薄片。待骨片干燥后，镜检，至能看清骨小管为止。

（5）磨平 在鐴刀皮上将骨片磨平滑（此步要干磨）。

（6）脱脂 蒸馏水洗数次，再放入 80% 和 95% 乙醇中脱脂（各 12~24 h）。如脂肪很多，可用无水乙醇或乙醚和无水乙醇的等量混合液脱脂 10 h，然后晾干。

（7）封藏　在载玻片上加 7~8 滴浓树胶，再放在酒精灯火焰外面约 1 cm 处烤至不易流动为止，趁热放上干燥骨片，加上盖玻片稍烤即成。注意不要使树胶透入骨小管内。

为使磨片更加清晰美观，可进行染色：

（1）品红乙醇浸染法。

① 经过细磨脱脂后的薄骨片，从 95% 的热乙醇中取出后立即投入 2% 酸性品红乙醇液中。浸液体积约为组织的 10~20 倍。

② 在酒精灯上慢慢加热至沸，约 5~10 min，至浸液蒸发为组织的 2~4 倍。

③ 将组织和剩余浸液一起置于室温下 3~5 d 至浸液蒸发完，不可过干。

④ 浸染过的薄骨片浸泡在润滑油内。

⑤ 将薄骨片用油放在细油磨石上研磨（双面研磨），磨掉两面的浮色，用显微镜检查，直至骨的结构清晰为止。

⑥ 磨好的骨片剪成小条放入二甲苯中透明 1 d。

⑦ 从二甲苯中取出，吸干骨片周围的二甲苯后，用中性树胶封藏。

染色结果：背景几乎无色，哈氏管深红色或黑色，骨陷窝和骨小管深红色，部分骨细胞体呈淡红色（图 2-19A）。

（2）银沉积法。

① 骨片磨薄（但不可过薄）后浸于乙醚乙醇中脱脂，晒干，蒸馏水略洗。

② 置于 0.007 5 g/mL 硝酸银水溶液中 1~3 d（置暗处，瓶底置脱脂棉）。

③ 蒸馏水速洗 1 次后入还原液（甲醛 2~5 mL，对苯二酚 1 g，蒸馏水 100 mL）约 18~24 h。

④ 充分水洗。

⑤ 用细磨石两面磨薄，至显微镜下能看清楚骨小管为止。如颜色太黑，可用 1% 双氧水分化。

⑥ 水洗、梯度乙醇脱水、二甲苯透明及中性树胶封藏。

染色结果：骨小管及腔隙呈黑色，其他结构深褐色（图 2-19B）。

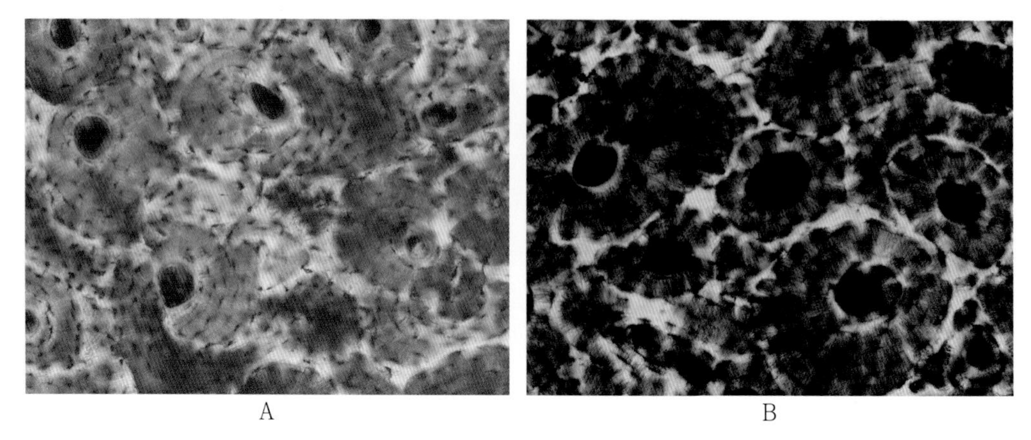

图 2-19 硬骨横磨片（A. 品红乙醇染色；B. 银染）

在磨片过程中，如何才能把骨片磨得薄而均匀？

（五）实验报告

1. 你的实验结果（贴图）

2．实验总结（心得与体会）

实验二 植物石组织的磨片

（一）用具与药品

锯子、细砂纸、细磨石、培养皿、滴管、载玻片、盖玻片、无水乙醇、二甲苯、中性树胶。

（二）材料

山核桃、胡桃、桃等的种子或果实。

（三）操作步骤

（1）切割 用一精细的锯子，将上述材料锯成约 1 mm 的薄片。

（2）干磨 将锯下的薄片放在细砂纸上，用手指压住轻轻摩擦，至平滑为止，反之再磨，如此反复摩擦，直到材料磨至 0.5 mm 厚为止。

（3）湿磨 将薄片放在两片光滑的玻片中，用水润湿后缓缓摩擦或放在细磨石上，加水用手指顶着摩擦也可以，直到片子极薄，将近一层细胞为止。

（4）冲洗 将片子放在有水的培养皿中，并用滴管吸水冲洗，以除去材料中的杂质。

（5）用无水乙醇脱水，二甲苯透明，中性树胶封藏。

大多数坚果类的切片，不经染色已很清楚；如要染色，则可选取极薄的片子，按一般染色方法处理，然后经脱水、透明后再封藏。

1. 植物石组织磨片过程中干磨和湿磨有什么区别？

2. 植物石组织磨片和动物骨骼磨片的过程有何异同？

（五）实验报告

1. 你的实验结果（贴图）

2. 实验总结（心得与体会）

第3章

切片法制片实验

切片法制片即用刀片将组织切成薄片，再进行染色而得到结果。最简单的切片法是将新鲜植物材料，用手指或木块夹住，用刀切成薄片，这叫做徒手切片法。其后逐渐有改进的各种方法产生，但都是用切片机切片。在切成薄片以前必须设法使组织内部渗入足够的支持物质，使组织保持一定的硬度，然后使用切片机进行切片。渗透到组织中的支持物质有多种，如石蜡、明胶、火棉胶、碳蜡、塑料等。冷冻组织切片法是直接利用快速冷冻法进行切片的方法。

切片法制片主要过程包括：取材与固定、洗涤、脱水、透明、透蜡、包埋、切片、贴片、脱蜡、复水、染色、脱水、透明、封藏。各种组织切片的使用目的各不相同，因此制作切片的方法程序也有所不同。也可根据具体工作的实践，增加或减少某个步骤，仍能获得满意的结果。

切片法制片的结果是生物体组织间的各种构造仍能保持正常的相互关系，对某一部分的细胞和组织也能观察得很清楚；但一个切片上不能观察到整个组织，有时甚至一个细胞也被分开在两个切片上。

第1节 徒手切片法

徒手切片是指用保安刀片将新鲜或固定的材料切成薄片。其优点是简单方便，可观察新鲜切片。

（一）用具与药品

尖头镊子、单面刀片、双面刀片、载玻片、盖玻片、小烧杯和解剖针、解剖剪、培养皿、酒精灯、吸水纸、各浓度乙醇、0.01 g/mL 番红溶液、0.005 g/mL 固绿溶液、二甲苯、中性树胶。

（二）材料

龙葵或菊花等植物的嫩茎或叶柄。

（三）操作步骤

（1）取材 选择发育正常、健康、有代表性的嫩茎或叶柄，用刀片从植株上割下，立即进行切片或保存在水中以防萎蔫。

（2）切片 取长约1~2 cm的材料，用左手拇指和食指夹住材料，上端略长2~3 mm，然后将臂紧靠腰部，使之不动。右手平稳地握刀，刀口向内，右臂悬空，位置固定后即可切片。不要拉锯式切割。刀片由左前方向右后方移动时中途不要停顿。切片时刀片和材料要保持湿润。

（3）固定 选较薄的切片移入70%乙醇或95%乙醇中固定。根据切片的厚薄不同，固定时间从几分钟到几小时不等。

（4）染色 浸入番红溶液，染色12~24 h，然后浸入50%乙醇，冲洗至纤维素壁红色变淡而木质部细胞深粉红色。

（5）脱水 分别浸入70%乙醇、80%乙醇中，各1 min。

（6）复染 入固绿溶液染色1 min。

（7）继续脱水　入95% 乙醇Ⅰ、95% 乙醇Ⅱ，各1 min；再浸入100% 乙醇Ⅰ、100% 乙醇Ⅱ中，各5 min。

（8）透明　分别浸入50% 二甲苯、100% 二甲苯Ⅰ、100% 二甲苯Ⅱ中，各5 min。

（9）封藏　用中性树胶封片。

染色结果：木质化细胞壁呈红色，韧皮部和其他纤维素细胞呈绿色。

为什么徒手切片时不能拉锯式来回切割，且移动时中途不要停顿？

（五）实验报告

1. 你的实验结果（贴图）

2. 实验总结（心得与体会）

第2节 石蜡切片法

石蜡切片法就是用石蜡包埋组织块，再进行切片和染色的制片方法。其优点在于能制成很薄的切片，可作连续切片。

实验一 动物组织石蜡切片

（一）用具与药品

旋转切片机、展片台、石蜡、烘箱、染缸、单面刀片、解剖刀、眼科镊、培养皿、毛笔、吸水纸、载玻片、盖玻片、生理盐水、Bouin 固定液、Carnoy 固定液、各浓度乙醇、Ehrich 苏木精染色液、0.01 g/mL 伊红乙醇溶液、高碘酸水溶液、1% 酸水、0.001 g/mL 碱水、二甲苯、中性树胶等。

（二）材料

动物肝脏或心脏、胃、肠、肾脏及血管等组织。

（三）操作步骤

（1）取材 将动物麻醉后立即剖开其胸腔或腹腔，取下所需部分，如肠、心脏或肝脏，放入盛生理盐水的培养皿中洗去表面血迹，然后吸去多余水分，修整（0.2 cm × 0.2 cm × 0.5 cm）后投入固定液中。

（2）固定 材料切好后，应立即投入盛有固定液的固定瓶中。Bouin 液固定 24 h，或 Carnoy 固定液固定 4 h。

（3）冲洗 Bouin 液固定完毕后水洗或不经水洗直接放入 70% 乙醇开始脱水程序或长期保存。Carnoy 固定液固定后可直接放入 90% 乙醇开始脱水程序或下行复水至 70% 乙醇长期保存。（乙醇浓度逐渐降低，水分含量逐渐升高的过程叫下行复水。）

（4）脱水　依次浸入70%乙醇、85%乙醇、95%乙醇Ⅰ、95%乙醇Ⅱ、100%乙醇Ⅰ、100%乙醇Ⅱ中进行脱水，各10 min。

（5）透明　依次浸入50%二甲苯、100%二甲苯Ⅰ、100%二甲苯Ⅱ中进行透明，各30 min。

（6）浸蜡　将已透明的材料依次浸入60 ℃的50%石蜡（即等体积二甲苯和石蜡的混合物）、纯石蜡Ⅰ、纯石蜡Ⅱ中，各30 min~1 h。

（7）包埋　准备包埋盒，折纸盒须用较硬而光滑的纸，纸盒大小可根据材料的大小及多少而定。包埋时先把包埋盒内盛满60 ℃纯石蜡，然后将材料移入盒内，根据切片需要调整好位置（称“定位”）后，置冷冻台上或预先准备好的冷水中使其凝固。待石蜡块内外完全凝固后即可切片。

（8）切片　厚度一般为5~8 μm。

（9）展片　在干净载玻片上均匀涂一薄层蛋白甘油，然后在涂层上滴数滴蒸馏水，用刀片事先将蜡带分割成小段，并正面朝上漂浮在水滴上，然后把玻片放在展片台上，使温度保持在50 ℃左右。因蜡带受热而膨胀对材料产生一定的拉力而展开，及时调整蜡带的位置使其美观。待切片完全展平后，吸去多余水分。

（10）干燥　置于37 ℃温箱中干燥24 h，备用。

通常步骤（11）~（18）是一次性完成的，中间不间断。所以通常所说的染色方法包括了脱蜡、复水、染色、透明与封藏等过程。

（11）脱蜡　将烘干的切片放入染色架，分别置于100%二甲苯Ⅰ和100%二甲苯Ⅱ中各30 min以脱蜡。

（12）复水　将脱蜡后的切片依次浸入50%二甲苯、100%乙醇Ⅰ、100%乙醇Ⅱ、95%乙醇、80%乙醇、70%乙醇、50%乙醇、30%乙醇中各2 min，最后微流水冲洗1 min即可。

（13）染色　苏木精染色5~15 min，自来水漂洗。

（14）分色　1%酸水分化30 s，漂洗2次。（根据实际情况此步可省略。）

（15）中和　0.1%碱水中和30 s，自来水冲洗30 min使其返蓝。（不分色则此步省略。）

（16）脱水与复染　将切片依次浸入70%乙醇、80%乙醇、90%乙醇、95%乙醇Ⅰ中，各5 min进行脱水，然后浸入伊红乙醇液复染30 s~1 min，再依次浸入95%乙醇Ⅱ、100%乙醇Ⅰ、100%乙醇Ⅱ中继续脱水，各5 min。

（17）透明 依次浸入50%二甲苯、100%二甲苯Ⅰ、100%二甲苯Ⅱ中，各10 min。

（18）封藏 用中性树胶封片。

以上是常规苏木精－伊红染色（HE）染色步骤，染色过程中要注意：

（1）苏木精染色的时间要根据染液的已使用时间和染色时的温度而定。染液使用越久，着色能力越差，温度越低，染色时间越长。

（2）用碱水中和后的水洗时间较长，是为了充分洗掉氨水和浮色，并使酸化的苏木精充分返蓝，使制好的切片标本长期保存不变色。

（3）0.01 g/mL 伊红染液（醇溶）染色时要把握好时间，时间太长会导致着色过红而影响观察。可用0.002~0.005 g/mL 的伊红代替，并适当延长时间。

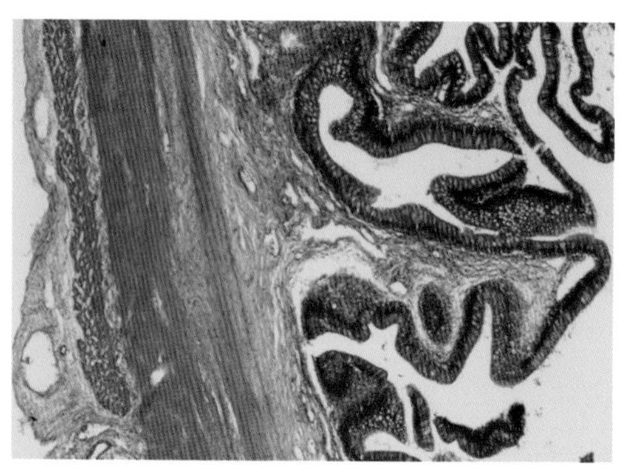

图3-1 蟾蜍肠横切

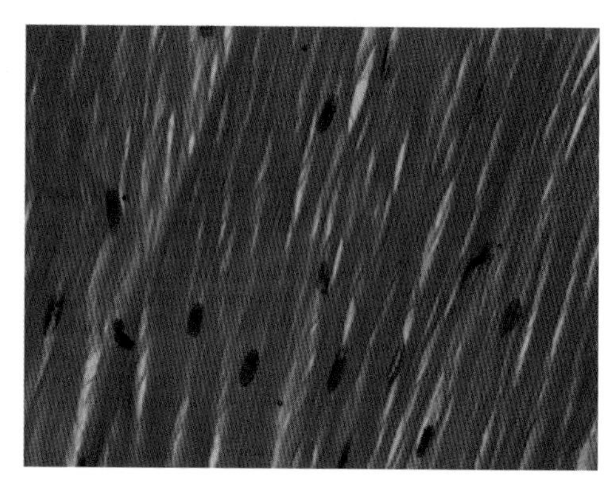

图3-2 蟾蜍的骨骼肌

染色结果：细胞核呈深蓝色，细胞质呈红色（图3-1，图3-2）。

（四）思考题

1. 综合运用所学知识，阐述切片时组织材料破碎的原因。

2. 阐述切片过程中蜡片不能连续成带的原因及解决办法。

3. 为什么染色过程中切片脱水的时间要比复水的时间长？

（五）实验报告

1. 你的实验结果（贴图）

2. 实验总结（心得与体会）

实验二 植物组织石蜡切片

（一）用具与药品

旋转切片机、恒温展片台、石蜡、烘箱、染缸、尖头镊子、单面刀片、双面刀片、载玻片、盖玻片、小烧杯、解剖针、解剖剪、培养皿、注射器、毛笔、称量瓶、吸水纸、各级乙醇、0.01 g/mL 番红水溶液、0.005 g/mL 伊红乙醇溶液、铁明矾溶液、0.01 g/mL 固绿水溶液、FAA 固定液、卡诺固定液、苏木精染色液、苦味酸饱和水溶液、二甲苯、中性树胶等。

（二）材料

洋葱根尖或水仙根尖、菊茎、大叶黄杨叶等。

（三）操作步骤

1. 根尖制片

（1）取材 用刀片割下一段根尖，切忌挤压，然后放在一张湿的滤纸上，用刀片截取材料，长度 5~8 mm，切时压力不能太大以免压坏组织。

（2）固定 材料切好后，应立即投入盛有卡诺固定液的称量瓶中固定 1~4 h。通常材料多含有空气，以致固定时漂浮起来，而且阻碍固定液的透入，所以在固定时要经过抽气，最简单的方法是使用注射器抽去材料中的空气。

（3）脱水 固定完毕后可直接进入 85% 乙醇开始脱水。如用水洗的则须从低浓度开始，可依次浸入 15% 乙醇、30% 乙醇、50% 乙醇、70% 乙醇、85% 乙醇、95% 乙醇Ⅰ、95% 乙醇Ⅱ、100% 乙醇Ⅰ、100% 乙醇Ⅱ中进行脱水，各 1 h。如操作不完，可在 70% 乙醇中过夜保存。

（4）透明 脱水后浸入 50% 二甲苯、100% 二甲苯Ⅰ、100% 二甲苯Ⅱ中各 2 h。

（5）浸蜡 将已透明的材料放入 37 ℃的 50% 石蜡［即等量（体积）二甲苯和石蜡的混合物］中浸 1~2 d，后浸入 60 ℃纯石蜡Ⅰ、60 ℃纯石蜡Ⅱ、60 ℃纯石蜡Ⅲ中各 2 h。

（6）包埋 同“实验一 动物组织石蜡切片”中的包埋过程。

（7）切片 厚度一般为 6~8 μm。

（8）展片 在干净的载玻片上均匀涂一薄层甘油明胶，然后在涂层上滴数滴蒸馏水，用刀片事先将蜡带分割成小段，并正面朝上漂浮在水滴上，然后把玻片放在展片台上，使温度保持在 50 ℃左右。因蜡带受热而膨胀对材料产生一定的拉力而展开，及时调整蜡带的位置使其美观。待切片完全展平后，吸去多余水分。

（9）干燥 置于 37 ℃温箱中干燥 24 h，备用。

（10）脱蜡与复水 将烘干的切片放入染色缸，依次浸入 100% 二甲苯Ⅰ和 100% 二甲苯Ⅱ中各 1 h 以脱蜡，然后依次浸入 50% 二甲苯、100% 乙醇Ⅰ、100% 乙醇Ⅱ、95% 乙醇、85% 乙醇、70% 乙醇、50% 乙醇、30% 乙醇中各 5 min，最后流水冲洗 5 min 即可。

（11）媒染 在 0.04 g/mL 铁明矾水溶液中媒染 30 min。

（12）冲洗 先用流水冲洗 15 min，再用蒸馏水漂洗。

（13）染色 0.005 g/mL 苏木精染色 15~30 min。

（14）漂洗 流水洗去多余染料，再用蒸馏水漂洗。

（15）分色 在苦味酸饱和水溶液中分色，30 min 后可取出，镜检分色情况，使细胞内的染色体、核仁等分辨清楚（大约 30 min~2 h）。

（16）冲洗 用水冲洗 30 min，以洗去苦味酸。

（17）氨化 用 1% 氨水处理 1~5 min，使细胞核充分返蓝。

（18）脱水 依次浸入 30% 乙醇、50% 乙醇、70% 乙醇、80% 乙醇中脱水，各 10 min。

（19）复染 浸入 0.5% 伊红乙醇液复染 30 s，此步可略。

（20）继续脱水 依次浸入 95% 乙醇Ⅰ、95% 乙醇Ⅱ、100% 乙醇Ⅰ、100% 乙醇Ⅱ中脱水，各 10 min。

（21）透明 依次浸入 50% 二甲苯、100% 二甲苯Ⅰ、100% 二甲苯Ⅱ，各 30 min。

（22）封藏 用中性树胶封片。

染色结果：洋葱根尖细胞细胞壁蓝色，如复染则细胞质红色，染色体深蓝色（图 3-3）。

向日葵幼根横切的番红固绿染色效果见图 3-4。

2. 幼茎制片

凡草质茎或木质化幼茎，均可用此法进行制片，但关键是要充分浸蜡。

（1）取材 取杆枝较细或木质化程度不高的幼茎，切取 3~4 mm 的小段。

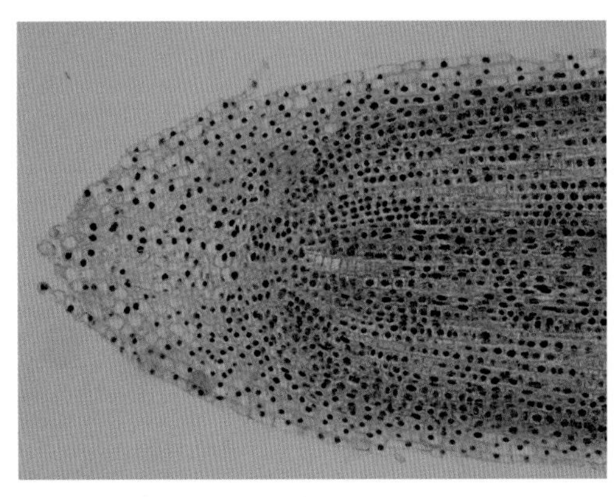
图 3-3 洋葱根尖纵切

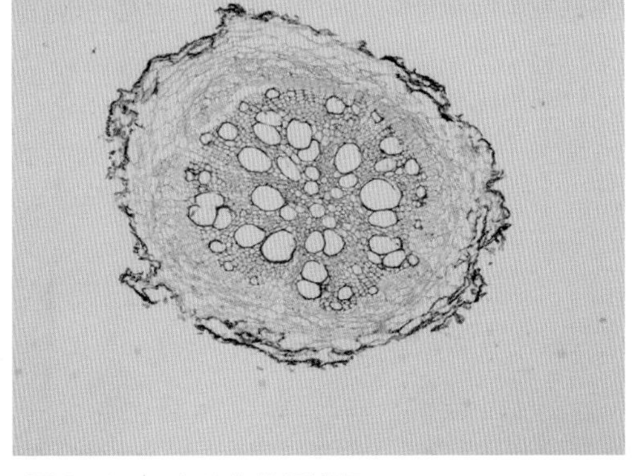
图 3-4 向日葵幼根横切

（2）固定 用 FAA 液固定 24 h，然后 70% 乙醇冲洗 3 次，每次 2 h，并保存在此液中过夜。

（3）脱水与透明 依次浸入 70% 乙醇、80% 乙醇、95% 乙醇Ⅰ、95% 乙醇Ⅱ、100% 乙醇Ⅰ、100% 乙醇Ⅱ、50% 二甲苯、100% 二甲苯Ⅰ、100% 二甲苯Ⅱ中进行脱水与透明，每个浓度停留约 2 h。

（4）浸蜡与包埋 （参照根尖制片）浸蜡时间约 2 d，一定要浸蜡彻底。

（5）切片、展片、干燥、脱蜡及复水按常规进行（参照根尖制片）。

（6）染色 用番红与固绿对染，也可用铁矾苏木精与番红对染。用固绿染色 5 min（或 0.02 g/mL 铁明矾媒染 5 min，流水冲洗 5 min，苏木精染色至胞间层呈黑色，纤维素壁呈黑灰色）后水洗，再用番红水溶液染 5 min。

（7）脱水 依次浸入 70% 乙醇、80% 乙醇、95% 乙醇Ⅰ、95% 乙醇Ⅱ、100% 乙醇Ⅰ、100% 乙醇Ⅱ中进行脱水，各 10 min。

（8）透明 依次浸入 50% 二甲苯、100% 二甲苯Ⅰ、100% 二甲苯Ⅱ中，各 30 min。

（9）封藏 用中性树胶封片。

染色结果：木质化壁红色，纤维素壁绿色（图 3-5，图 3-6）。

（四）思考题

为什么制作植物组织石蜡切片比制作动物组织石蜡切片时间要长很多？如果不能连续做，中间需停留，为什么要停留在 70% 乙醇中？

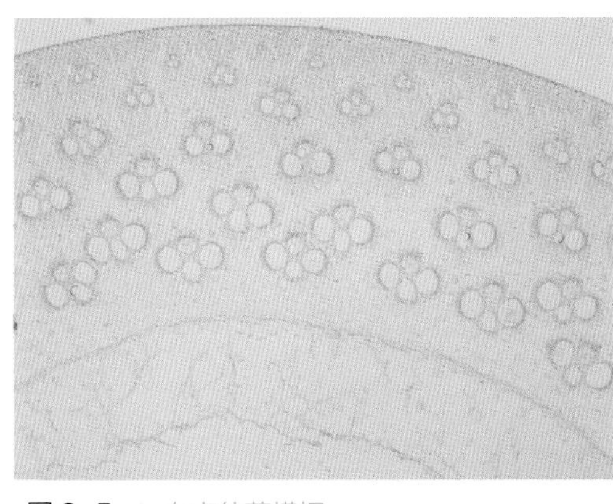

图 3-5　女贞幼茎横切

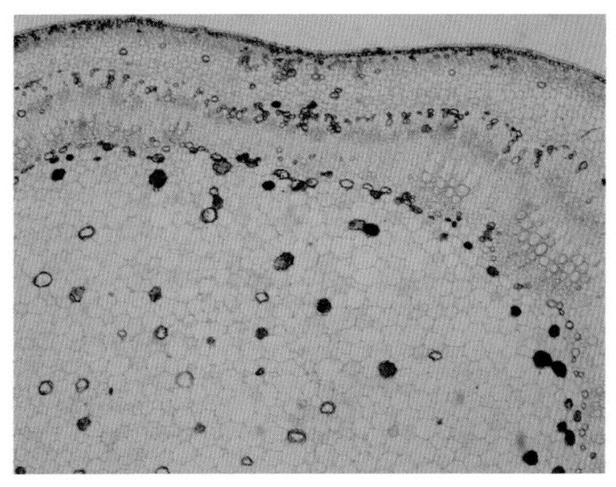

图 3-6　棉花茎横切

（五）实验报告

1. 你的实验结果（贴图）

2. 实验总结（心得与体会）

第3节 木材切片法

（一）用具与药品

滑动切片机、生物显微镜、尖头镊子、单面刀片、双面刀片、载玻片、盖玻片、小烧杯、解剖针、解剖剪、培养皿、毛笔、酒精灯、吸水纸、FAA 固定液、各级乙醇、0.01 g/mL 番红染色液、0.05 g/mL 固绿染色液、二甲苯、中性树胶等。

（二）材料

桑、夹竹桃等植物的茎或干燥的木材。

（三）操作步骤

（1）选择材料 选择粗细一致、直而不弯、形态整齐、软硬一致、无腐败现象的材料。如果是进行木材切片，应选边材而不用心材。材料长度以 2~3 cm 为宜。

（2）抽除空气。

（3）软化处理。

（4）切片 厚度一般为 10~20 μm。

（5）固定 切下的切片，可先浸于清水中，待切片完毕后，将切片移入 FAA 固定液或其他固定液中。有时为节省时间，可直接移入 70%~95% 乙醇中固定。如需暂时保存，可放入 70% 乙醇中。

（6）染色 用番红染色 12~24 h。

（7）脱水 用 50% 乙醇冲洗，至纤维素壁的红色变淡而木质部细胞呈深粉红色为止，再经 70% 乙醇、85% 乙醇脱水各 1 min。

（8）复染 用固绿复染 1 min。

（9）继续脱水 经 95% 乙醇浸泡 1 min，以洗去多余固绿，再经 100% 乙醇Ⅰ和 100% 乙醇Ⅱ脱水，各 5 min。

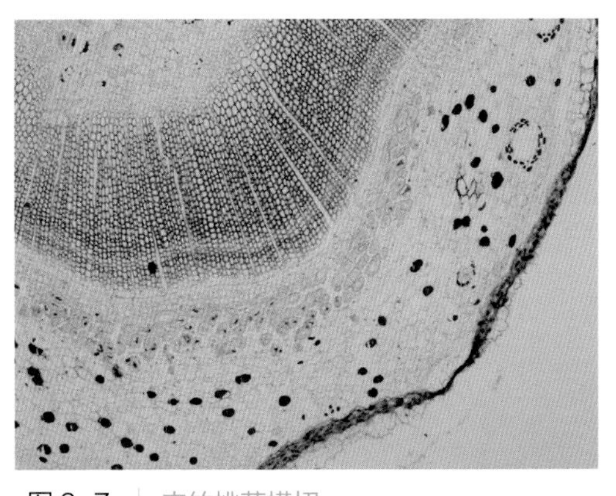

图 3-7　夹竹桃茎横切

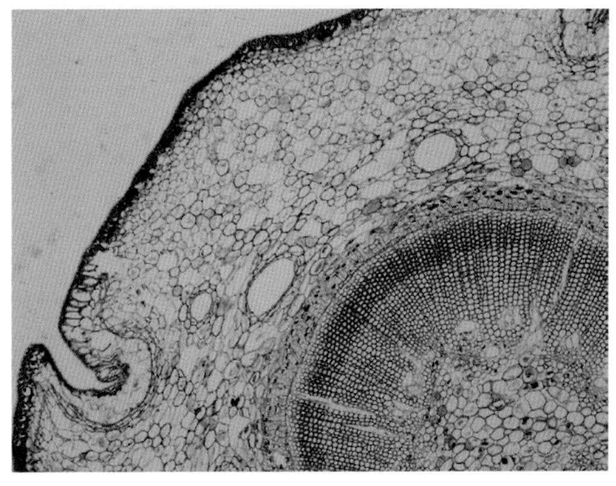

图 3-8　松树茎横切

（10）透明　分别浸入 50% 二甲苯、100% 二甲苯Ⅰ、100% 二甲苯Ⅱ中，各 10min。

（11）封藏　用中性树胶封片。

染色结果：木质化壁红色，纤维素壁绿色（图 3-7，图 3-8）

附：坚硬材料切片前的软化过程，一般要经过抽除空气和软化处理两个阶段。

（1）抽除空气

少数材料密度较大，放入溶液中易下沉。大多数材料密度小而浮在液面上，会使各种处理不彻底。因此必须设法排除空气使材料下沉。通常有两种方法。

① 冷热法　这种方法多适用于制作木材切片，制作时抽除空气兼有软化作用。将木材切成小块，放入水中煮沸约半小时，取出，立即投入冷水中浸约半小时，再放入沸水中煮约半小时后再立即投入冷水中，如此反复多次，一般便可将材料中的空气排除，使材料下沉。

② 抽气法　如为较大木块可用抽气机抽气，至材料中无气泡排出为止。如果是一般枝条，用抽气机可能会出现组织变形，可改用 10 mL 注射器，进行材料内空气的抽除。其方法是，将材料放入注射器内，并将内筒套入，然后吸入液体，使之浸没材料。然后用左手的食指堵住注射器小孔，用右手向外拉注射器内筒，使之减压，空气便可随之排出。

（2）木材的软化方法

①甘油乙醇软化法

甘油乙醇软化液（纯甘油和 50% 乙醇等体积混合），适用于新鲜材料或采下一段时间但尚未干燥的材料。将材料抽气后，切成小块，浸入该液中一段时间后取出，用徒手切片法试切。如果仍然切片困难，则回原液中继续软化，直至适于切片为止。它不仅能使木材变软，而且又不致木材变脆。它之所以能起软化作用是因为甘油能溶解材料中的碳酸钙和钙化物等硬物质。它可作长期软化之用，但浸渍过久的材料染色困难。

②氢氟酸软化法

此法适用于已经干燥或质地较硬的木材。如用甘油乙醇长时间处理也不能软化的木材，用该法处理可使之软化，步骤如下：

A. 抽气处理 将木材切成小块，用冷热法或抽气法除去空气。

B. 氢氟酸软化处理 将上述抽气处理的木材浸入氢氟酸水溶液中，其常用浓度多为 100%，也有人用 30%～40% 的水溶液，这主要是根据木材硬度而定。处理时间一般 1~2 周，总之以软化为准，但时间不能过长，否则会损伤材料。特别坚硬的木材则需软化数月才能切片。

C. 用甘油乙醇进一步处理 材料经氢氟酸处理后取出，用流水冲洗 2~4 h 后用刀片试切。如易切片可进行下一步工作，如不易切片，可仍旧入氢氟酸液中处理。已经能切片的材料，应水冲洗 2 d 以上，再将材料放入甘油乙醇混合液中处理 1~2 月之后，即可切片。

③醋酸纤维素软化法

极硬的材料（如枫树），长久浸在氢氟酸中往往有所损伤，改用此法能收到较好效果，步骤如下：

A. 将材料切成小块后浸入 95% 乙醇中 1～2 d。

B. 移入丙酮 2～6 h，以除去乙醇。

C. 移入 0.12 g/mL 醋酸纤维素丙酮液（醋酸纤维素 12 g 溶于丙酮，定容至 100 mL）。

材料在此液中浸泡一段时间后即可软化。如果将材料按前面所述，先放入水中煮沸，用冷热法将空气抽除，再按上法软化也可。

浸泡的时间视木材硬度而定，质地较软的木材处理 2 d 左右，极硬材料处理 7 d 左右。若升高温度至 40 ℃，可缩短软化时间。软化后的材料，可以移入丙酮中溶去醋酸纤维素，然后再移入乙醇中，并下行至水，以后可进行染色等一系列程序。

（四）思考题

1. 木材切片为什么要经过排气和软化过程?
2. 木材的 3 种软化方法各有哪些优缺点?

（五）实验报告

1. 你的实验结果（贴图）

2. 实验总结（心得与体会）

第4节 冷冻切片法

（一）用具与药品

冷冻切片机、温箱、染色缸、载玻片、盖玻片、镊子、毛笔、铬矾明胶、多聚赖氨酸或胶水、中性甲醛固定液、甲醛－钙固定液、苏丹黑 B 染色液、Mayer 苏木精染色液、1% 伊红染色液、乙醇、二甲苯、树胶、甘油明胶等。

（二）材料

动物新鲜性腺组织或已固定的组织。

（三）操作步骤（以 Leica 冷冻切片机为例）

（1）取材 一般将新鲜组织切成宽 10 mm，厚 3~5 mm 的组织块，取材修整后的组织块可不加任何处理直接进行冷冻切片，也可以将材料放入冷冻切片包埋剂（多聚赖氨酸或常规胶水）中经液氮速冻后形成速冻包埋块置于 -80 ℃冰箱中保存备用，或经固定液固定后置于 70% 乙醇中保存备用。

（2）切片、染色与封藏 新鲜组织和速冻组织的切片及后续处理过程相同，与经过固定的组织不同。冷冻切片机需在切片前 2 h 将温度调至切片温度 -20 ℃。

①新鲜组织和速冻组织（以鱼卵巢为例，显示脂类物质）。

1）平衡温度 经液氮速冻的组织从 -80 ℃冰箱取出后置于 -20 ℃冰箱中平衡温度，新鲜组织放入包埋剂中置于冷冻切片机的速冻台上速冻至 -20 ℃。方法如下：将适量胶水或多聚赖氨酸滴在金属盘（即组织固定台）上，然后将新鲜材料放到胶水上面轻轻按下至胶水将材料全部浸没，再将金属盘及材料一起放到速冻台上速冻 10 min，使金属盘及材料牢固粘在一起。当速冻包埋块的温度平衡至 -20 ℃后，用少量胶水将其固定于金属盘上。

2）切片　调整好冷冻切片机，将带有材料的金属盘固定于冷冻切片机的材料推进器上，开始切片。切片厚度 8~10 μm。

3）贴片　利用载玻片吸附法贴片，即用均匀涂有铬矾明胶的载玻片的涂胶面向下轻轻接触材料切片，由于切片温度较低（-20 ℃）而载玻片温度较高（室温），一经接触，材料立即粘到玻片上。

4）干燥　将切片在室温空气中放置 5 min，使其自然晾干，粘贴牢固。

5）固定　将晾干的切片放入甲醛 - 钙固定液中固定 10 min。

6）漂洗　蒸馏水漂洗 2 次，换 70% 乙醇漂洗 1 次。

7）染色　用苏丹黑 B 染色液染色 10 min。

8）分色　用 70% 乙醇分色 5~10 s，然后水洗。

9）复染　如需要可用 1% 伊红染色液复染。

10）封片　水洗后，用甘油明胶封片。

染色结果：脂类物质（油滴）呈蓝黑色（图 3-9）。

②固定的组织（以蟾蜍卵巢为例，HE 染色）。

1）组织充分水洗 24 h，除去组织中的固定液。

2）浸入 12.5% 明胶溶液（以 1% 石炭酸水溶液配制），37 ℃温箱中浸 24 h。

3）移入 25% 明胶溶液内浸 24 h。

4）入 10% 甲醛内固定明胶块 1~2 d，水洗。

5）切片、贴片、干燥与漂洗方法同（1）新鲜组织和速冻组织。

6）染色　用 Mayer 苏木精染色 5~15 min，自来水漂洗。

7）复染　用伊红染色液复染 1 min。

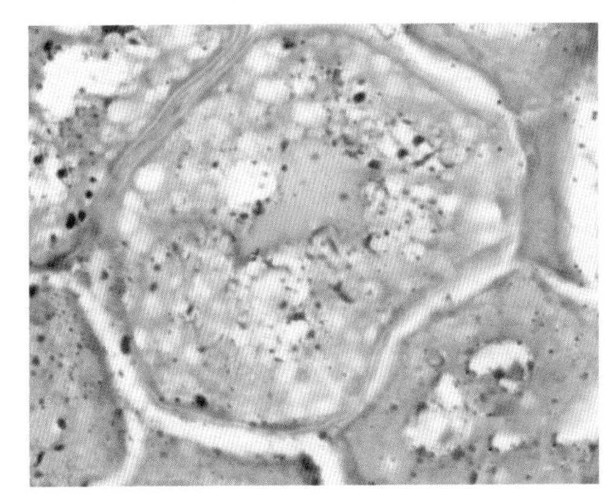

图 3-9　鳜鱼卵

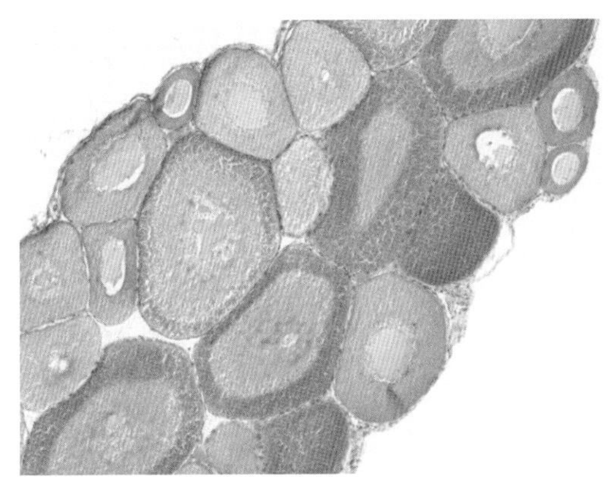

图 3-10　蟾蜍的卵巢

8）脱水、透明与封片 如果染液为水溶性的，染色水洗后直接用水溶性封片剂（如甘油明胶）封片。如果染液是醇溶性的，染色水洗后可用水溶性封片剂封片，也可以常规乙醇脱水，二甲苯透明后用树胶封片。

染色结果：同常规石蜡切片（图 3-10）。

新鲜组织和速冻组织与经固定液固定的组织在进行冷冻切片时步骤上有哪些异同？

（五）实验报告

1. 你的实验结果（贴图）

2. 实验总结（心得与体会）

第4章

常用染色方法

组织切成薄片以后，必须经过染色的步骤（也可在固定后先对组织块进行染色，然后再经过脱水、透明、包埋、切片等程序制成切片）才能在显微镜下清晰地观察其结构，因为组织或细胞的许多结构在自然状态下是无色的或带有很淡的颜色，在显微镜下只能看到细胞及其他组织成分的轮廓，远不能满足观察和借以诊断的需要。

染色的目的是将染料配成溶液，将组织浸入染色剂内，经过一定的时间，使组织或细胞的某一部分染上与其他部分不同深度的颜色或不同的颜色，产生不同的折射率，使组织或细胞内各部分的构造显示得更清楚，便于利用光学显微镜进行观察。

实验中往往需要观察不同的细胞结构或细胞内特殊的结构或内容物，因此需要采用不同的染色方法。为显示特定的组织结构或其他的特殊成分的染色，称为特殊染色。特殊染色是常规染色的必要补充。

由于要染的切片尚包在石蜡之中，而所用的染色剂又多为水溶液，因此染色之前，必须复水，石蜡切片在二甲苯中溶去石蜡，经过各级梯度乙醇下行（乙醇浓度逐渐降低）到水。经染色后需再脱水，上行（脱水剂浓度逐渐升高）到二甲苯，然后封藏。

第 1 节 光镜观察常用染色方法

一、苏木精 - 伊红（HE）染色

大多数固定液固定的动物组织均可用 HE 染色，但以 Bouin 固定液固定的效果最好。可将细胞核和细胞质对比区分开。

染色步骤见第 3 章第 2 节实验一的步骤（11）~（18）。

染色结果：细胞核呈蓝紫色，细胞质呈红色（图 4-1~ 图 4-4）。

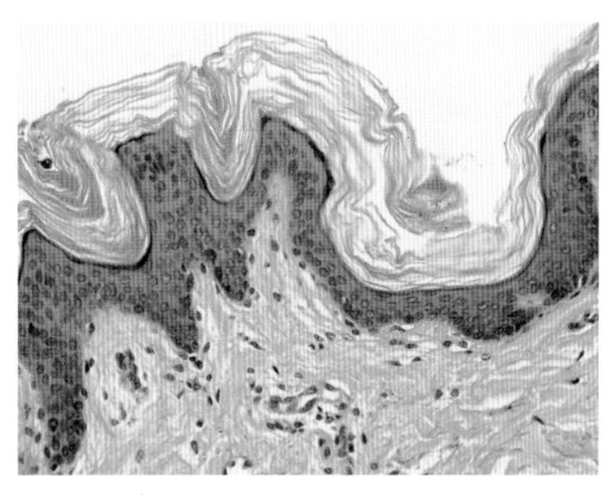

图 4-1 人皮肤

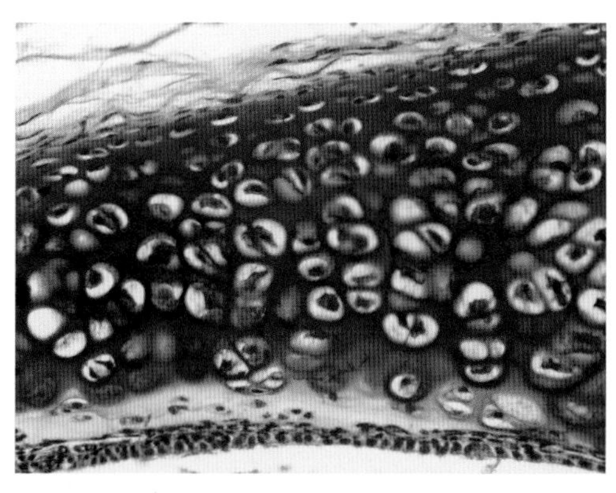

图 4-2 蟾蜍的气管软骨

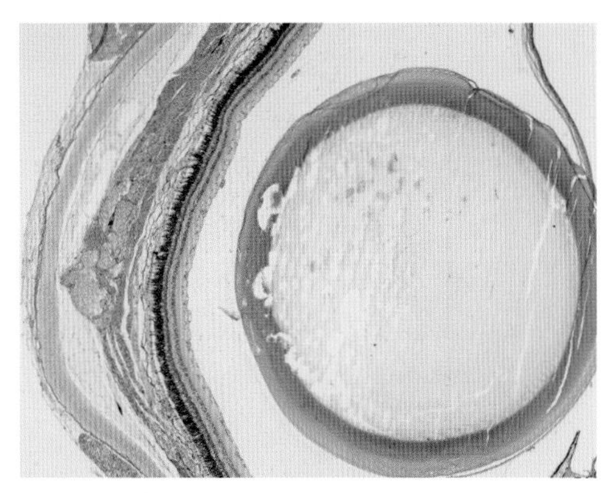

图 4-3 胭脂鱼眼的纵切

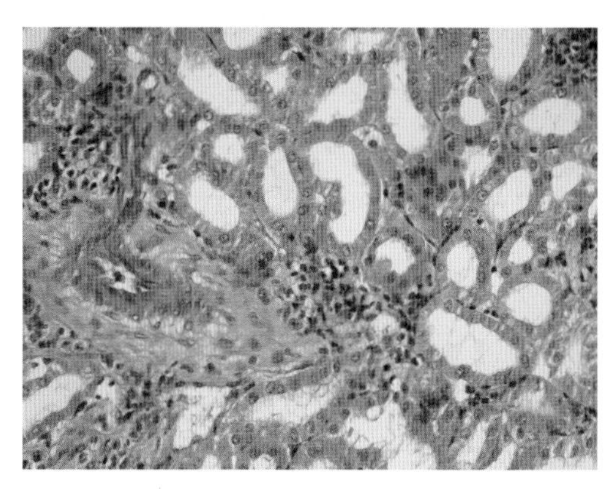

图 4-4 胭脂鱼的肾脏

二、番红固绿染色

适用于一般植物组织，特别是分生组织。可将染色质、细胞质、纤维素细胞壁与木质化细胞壁区分开。组织用含有铬酸的固定液固定。

染色步骤：

（1）切片经二甲苯脱蜡，梯度乙醇复水。

（2）染色 用 0.01 g/mL 的番红水溶液染色 1~12 h。

（3）水洗 自来水冲洗，以去除多余染料。

（4）脱水 依次浸入 30% 乙醇、50% 乙醇、70% 乙醇、80% 乙醇、90% 乙醇中进行脱水，各 5 min。

（5）复染 用 0.001 g/mL 固绿醇溶液（溶于 95% 乙醇）复染 10~40 s。

（6）继续脱水 用无水乙醇 Ⅰ 脱水 30 s，无水乙醇 Ⅱ 脱水 5 min。

（7）透明 入 50% 二甲苯 2 min，然后浸入 100% 二甲苯 Ⅰ、100% 二甲苯 Ⅱ 中，各 10 min。

（8）封藏 用中性树胶封片。

染色结果：染色体或细胞核呈鲜红色，纺锤丝呈绿色，核仁呈鲜红色，纤维素细胞壁呈绿色，木质化细胞壁呈鲜红色，细胞质呈绿色（图 4-5，图 4-6）。

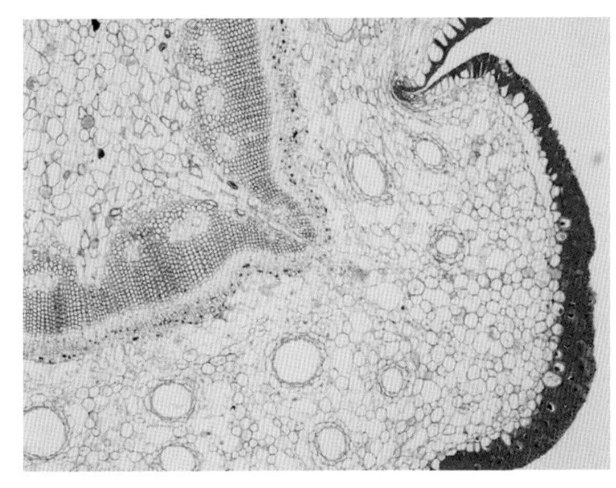

图 4-5　松根横切

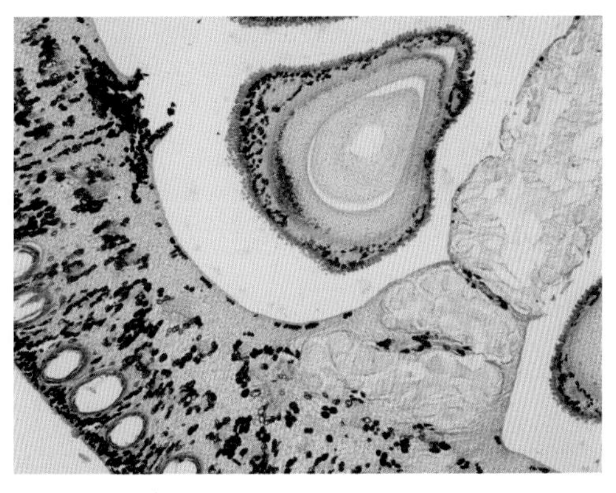

图 4-6　番茄果肉

三、Jackson 结晶紫染色法

适用于显示维管植物的木质组织，可以将木质化和非木质化的细胞壁区分开。一般植物材料的固定液均可用。

染色步骤：

（1）切片经二甲苯脱蜡，梯度乙醇复水。

（2）染色 0.01 g/mL 结晶紫水溶液染色 15 min，蒸馏水漂洗 1 次。

（3）脱水 经 70% 乙醇、80% 乙醇、95% 乙醇、无水乙醇Ⅰ，各脱水 1 min，经无水乙醇Ⅱ脱水 5 min。

（4）复染 0.005 g/mL 伊红 B 丁香油饱和溶液复染 1~3 min。

（5）透明 浸入 50% 二甲苯 2 min，然后依次浸入 100% 二甲苯Ⅰ、100% 二甲苯Ⅱ中，各 10 min。

（6）封藏 用中性树胶封片。

染色结果：非木质化细胞壁呈红色，木质化细胞壁呈紫色。

四、孚尔根染色法

动物和植物组织均适用，专门显示细胞内的脱氧核糖核酸（DNA）。组织用 Carnoy 液或 10% 甲醛固定。

染色步骤：

（1）石蜡切片，二甲苯脱蜡，梯度乙醇复水。

（2）浸入 1 mol/L HCl 液（室温）1 min。

（3）浸入 1 mol/L HCl 液（60 ℃）中水解 5~15 min。

（4）浸入 1 mol/L HCl 液（室温）1 min。

（5）蒸馏水漂洗 1 次。

（6）Schiff 试剂染色 1~3 h。

（7）蒸馏水漂洗 2 次。

（8）脱水 浸入 80% 乙醇 2 min。

（9）复染 0.001 g/mL 固绿醇溶液复染 1 min。

（10）继续脱水浸入 95% 乙醇脱水 2 min，浸入无水乙醇Ⅰ和无水乙醇Ⅱ脱水各 5 min。

（11）透明浸入 50% 二甲苯 2min，然后依次浸入 100% 二甲苯Ⅰ和 100% 二甲苯Ⅱ中各 10 min。

（12）封藏 用中性树胶封片。

染色结果：染色体呈紫红色，染色质呈红色，细胞质与核仁无色（固绿复染后为绿色）。

五、显示糖类物质

1. PAS（过碘酸 -Schiff）反应显示糖原

组织用 Carnoy 液或 AF 液固定。

注意：除了糖原颗粒以外，黏蛋白、透明质酸、部分网状纤维、纤维蛋白、脑垂体细胞、甲状腺胶样物质、类淀粉以及其他显阳性反应物质均呈不同程度的红色或紫红色。

染色步骤：

（1）切片二甲苯脱蜡，梯度乙醇复水。

（2）1 mol/L 盐酸漂洗 3 min。

（3）入 0.005 g/mL 过碘酸水溶液 2~5 min，蒸馏水漂洗。

（4）Schiff 试剂浸染 15 min（10℃），流水洗 10~15 min。

（5）Mayer 苏木精复染 5 min，水洗。［如不复染，步骤（5）（6）略。］

（6）1% 酸水分化，水洗。

（7）梯度乙醇脱水。

（8）二甲苯透明，中性树胶封片。

阴性对照片：用唾液淀粉酶室温消化 20 min 或用唾液 37℃消化 10~30 min。不能有空气泡，否则消化不均匀。时间也视组织不同而异。

染色结果：多糖、黏多糖、黏蛋白均显 PAS 阳性红色（图 4-7）。如苏木精复染则细胞核呈蓝色，糖类物质呈红色至紫红色（图 4-8）。

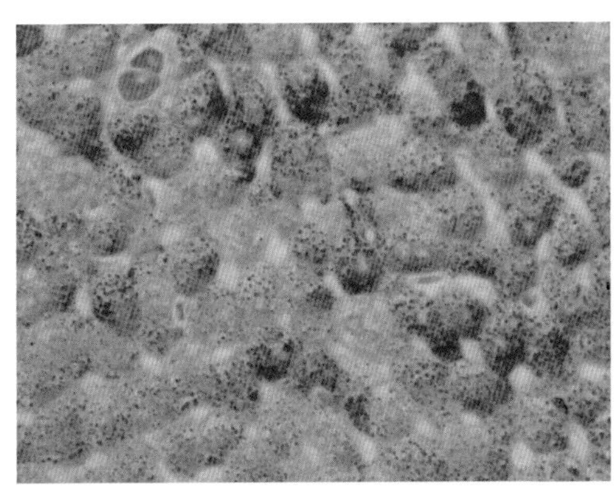

图 4-7 | 兔肝糖原

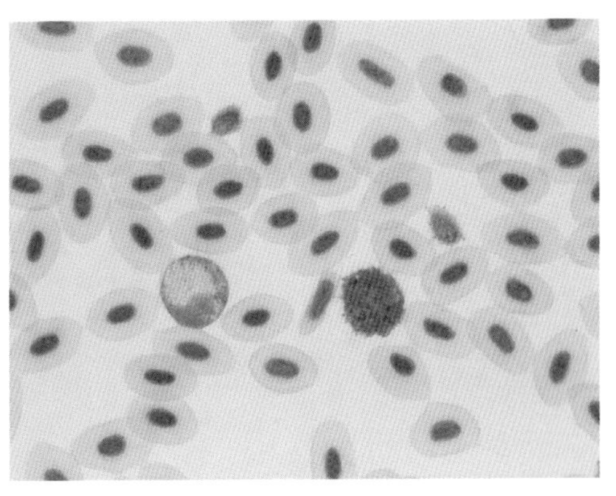

图 4-8 | 胭脂鱼血细胞涂片

2. AB-PAS 显示黏多糖

AB-PAS（阿利新蓝 -Schiff 反应）显示中性和酸性黏液物质效果较好。组织用 10% 甲醛或中性甲醛固定。

阿利新蓝染色液：阿利新蓝 8GS 1 g，蒸馏水 97 mL，冰醋酸 3 mL。用前过滤，在溶液中加入 2 粒麝香草酚防腐。

染色步骤：

（1）石蜡切片，二甲苯脱蜡，梯度乙醇复水。

（2）蒸馏水洗。

（3）阿利新蓝染色 5min。

（4）流水冲洗后入蒸馏水。

（5）入 0.01 g/mL 过碘酸水溶液 5min。

（6）蒸馏水充分水洗，Schiff 试剂作用 15 min。

（7）流水冲洗 25 min。

（8）Mayer 苏木精淡染。

（9）流水冲洗。

（10）无水乙醇冲洗及脱水。

（11）二甲苯透明。

（12）中性树胶封片。

染色结果：酸性黏蛋白呈蓝色，中性黏蛋白呈红色，混合黏液显不同程度的紫色，细胞核呈淡蓝色（图 4-9，图 4-10）。

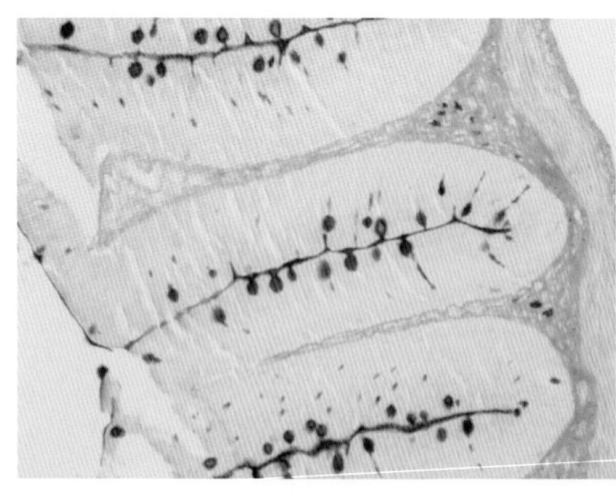

图 4-9 短须裂腹鱼肠后段

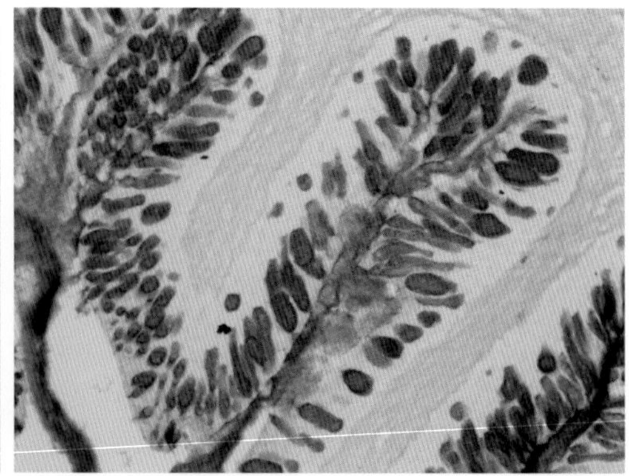

图 4-10 短须裂腹鱼食道黏膜

六、显示脂类物质

1. 苏丹黑 B 染色法

染色步骤：

（1）组织用甲醛－钙液固定，冷冻切片厚 8~10 μm，蒸馏水洗。

（2）Harris 苏木精染色液中漂片 1 min，自来水洗。

（3）用 0.5% 盐酸乙醇分色，水洗至细胞核返蓝。

（4）70% 乙醇浸洗。

（5）浸入苏丹黑 B（或苏丹Ⅲ或苏丹Ⅳ）染色液中染色 10~20 min。

（6）用 70% 乙醇分色 3~5 min。

（7）蒸馏水漂洗，捞取切片贴片。

（8）空气干燥后，甘油明胶封片。

染色结果：脂类为黑色，细胞核呈蓝色（图 4–11，图 4–12）。（苏丹Ⅲ或苏丹Ⅳ染色时脂类呈橙红色，脂肪酸不着色。）

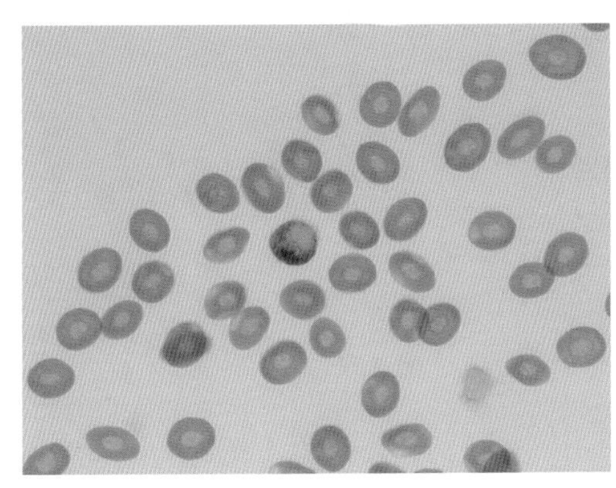

图 4–11　长吻鮠血细胞涂片

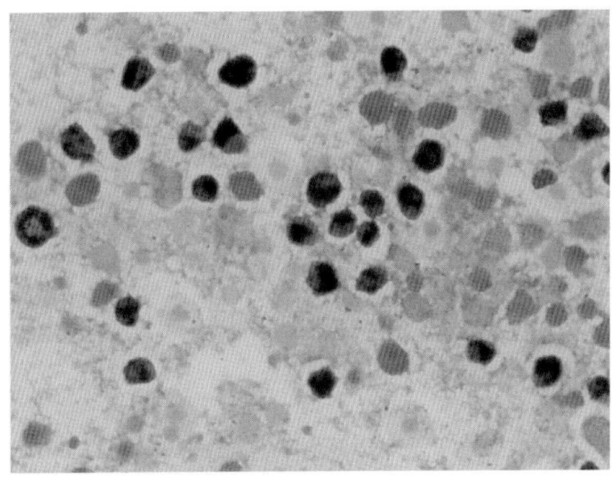

图 4–12　长吻鮠肾脏印片

2. 溴－苏丹黑 B 染色法

通过溴化作用可使不饱和脂类在有机溶剂中的溶解度变小，增强与苏丹黑 B 的结合反应，从而显示总脂类。

染色步骤：

（1）组织用甲醛－钙液固定，冷冻切片厚 8~10 μm，蒸馏水洗。

（2）浸入 2.5% 的溴水溶液，室温下作用 30 min。

（3）蒸馏水洗。

（4）用 0.005 g/mL 偏重亚硫酸钠水溶液洗 1~2 min，除去多余的溴。

（5）蒸馏水洗。

（6）70% 乙醇浸洗。

（7）浸入苏丹黑 B（或苏丹Ⅲ或苏丹Ⅳ）染色液中染色 10~20 min。

（8）用 70% 乙醇分色 3~5 min。

（9）蒸馏水漂洗，捞取切片贴片。

（10）空气干燥后，甘油明胶封片。

染色结果：甘油三酯、不饱和胆固醇酯均为黑色，某些磷脂呈蓝灰色。

七、显示蛋白质

1. 茚三酮 – Schiff 反应显示氨基

组织或细胞用 10% 甲醛固定。

偏重亚硫酸钠盐酸溶液：10% 偏重亚硫酸钠 5 mL，1 mol/L 盐酸 5 mL，蒸馏水 90 mL。

染色步骤：

（1）切片脱蜡至水或新鲜冷冻切片入水。

（2）70% 乙醇中浸泡 5 min。

（3）用 0.005 g/mL 茚三酮溶液在 37℃处理 12~24 h。

（4）流水冲洗 5 min。

（5）在 Schiff 试剂中染色 15~30 min。

（6）用偏重亚硫酸钠盐酸溶液冲洗 3 次，每次 2 min。

（7）流水冲洗 10 min。

（8）Mayer 苏木精复染，再水洗。

（9）常规脱水、透明和封片。

染色结果：蛋白质的 α- 氨基呈粉红至紫红色，核呈浅蓝色。

2. 过甲酸 – 阿利新蓝法显示 S–S 键

过甲酸液：98% 甲酸 40 mL，双氧水 4 mL，浓硫酸 0.5 mL。

阿利新蓝染色液：阿利新蓝 1 g，蒸馏水 47 mL，浓硫酸 2.7 mL。

染色步骤：

（1）切片脱蜡至水，或新鲜冷冻切片入水，吸去多余水分。

（2）置于新配制的过甲酸液中处理 5 min。

（3）蒸馏水洗 3 次，每次 3 min。

（4）切片置于 60℃的烘箱中干燥，使切片贴得更牢。

（5）流水充分水洗。

（6）阿利新蓝染色 60 min。

（7）流水充分水洗 5 min。

（8）用中性红复染。

（9）常规脱水、透明和封片。

染色结果：含 S–S 键的蛋白质呈蓝色（颜色深浅跟 S–S 键的含量有关）。

八、显示酶类

1. 偶氮偶联法显示酸性磷酸酶

显示酸性磷酸酶的方法主要是金属沉淀法和偶氮偶联法。金属沉淀法把握不好容易出现假阳性；而偶氮偶联法是利用在酸性条件下（最适 pH 5.0~5.1）酸性磷酸酶水解底物萘酚 AS–TR 磷酸盐产生游离的萘酚 AS–TR 和磷酸，萘酚 AS–TR 与重氮盐六偶氮对品红偶联，形成红色不溶性复合物，沉淀在酶活性部位而显示出来。由于正常生物组织内不存在萘酚，因此该法不会出现假阳性。

丙酮固定液：丙酮 60 mL，30 mmol/L 冰醋酸 40 mL，甲醇 11 mL，用 NaOH 调 pH 至 5.4。

孵育液：萘酚 AS–TR 磷酸盐 10 mg，二甲基亚砜 1 mL，0.1 mol/L 醋酸缓冲液（pH7.6）30 mL，六偶氮对品红 1 mL，用 2 mol/L HCl 调 pH 至 5.0 ~ 5.1。若孵育液出现沉淀即失效。

六偶氮对品红溶液：A 液——盐酸对品红 400 mg，蒸馏水 8 mL，浓盐酸 2 mL；B 液——$NaNO_2$ 4 g，蒸馏水 100 mL；临用前将 A、B 液等体积混合。

染色步骤：

（1）对小块新鲜组织冷冻切片，用 4℃丙酮固定液固定 15 min。

（2）用 0.1 mol/L 醋酸缓冲液（pH7.6）漂洗。

（3）孵育液 37℃孵育 2 h，轻摇。

（4）37℃蒸馏水漂洗 2 次。

（5）用 0.01 g/mL 甲基绿水溶液复染或 Mayer 苏木精染液复染 2~5 min。

（6）蒸馏水洗，室温晾干。

（7）甘油明胶封片，镜检。

阴性对照：①切片孵育前 90 ℃加热 10 min，②孵育液中加入氟化钠（1.5 mg/mL）。

染色结果：细胞核染呈绿色（甲基绿复染）或蓝色（苏木精复染），酸性磷酸酶活性处呈红色颗粒状或弥散状分布（图 4-13）。

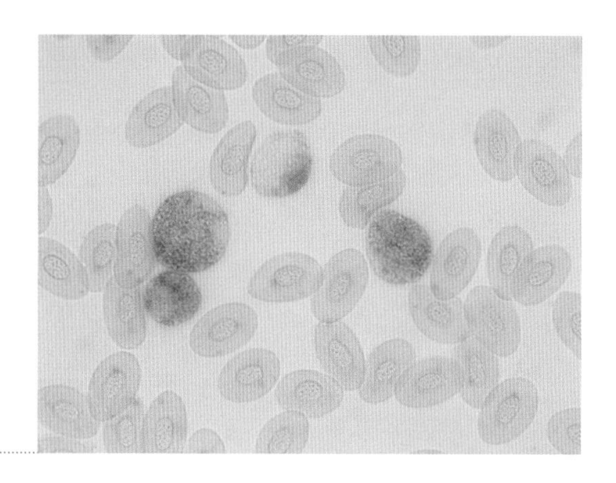

图 4-13 胭脂鱼外周血涂片

2. 偶氮偶联法显示碱性磷酸酶

原理同显示酸性磷酸酶的偶氮偶联法相似，该法不易出现假阳性。

孵育液：萘酚 AS-BI 磷酸钠 10~25 mg，二甲基亚砜 0.5 mL，0.2 mol/L 的 Tris-HCl 缓冲液（pH8.2~9.2）50 mL，坚牢红 TR 50 mg。

染色步骤：

（1）对小块新鲜组织冷冻切片，用 4℃甲醛 - 钙液固定 10 min，蒸馏水洗。

（2）用 0.2 mol/L 的 Tris-HCl 缓冲液（pH8.2~9.2）漂洗。

（3）用孵育液在 37℃或室温孵育 5 ~ 60 min，蒸馏水洗。

（4）用 4% 甲醛固定 15 min ~ 2 h。

（5）流水冲洗，蒸馏水漂洗。

（6）用 0.01 g/mL 甲基绿复染 5~10 min，蒸馏水洗。

（7）甘油明胶封片。

染色结果：酶活性处呈现红色无定型沉淀，核呈蓝绿色。

3. 二氨基联苯胺法显示过氧化物酶（Peroxidase）

25% 戊二醛 12 mL，60% 丙酮水溶液 88 mL；4℃保存。

孵育液：3, 3’-diaminobenzidine（DAB）10 mg，0.05 mol/L Tris-HCl（pH7.6）40 mL，3%H_2O_2 0.13 mL；用力振荡混合 2~3 min，过滤后使用。

染色步骤：

（1）对小块新鲜组织冷冻切片，用 4℃戊二醛 - 丙酮溶液（或甲醛 - 钙液）固定 10 min，蒸馏水洗。

（2）用 0.05 mol/L Tris-HCl 缓冲液（pH7.6）漂洗。

（3）入孵育液，37℃，孵育 10 min，轻摇。

（4）蒸馏水漂洗，2 次。

（5）Mayer 苏木精溶液复染 5 min。

（6）常规脱水、透明、中性树胶封片。

对照：①孵育前 90℃加热 10 min，②用不含 H_2O_2 的孵育液孵育，③用含较高浓度 H_2O_2（30%H_2O_2 0.25 mL）的孵育液孵育，④用含高浓度 H_2O_2（30%H_2O_2 1.5 mL）的孵育液孵育。

染色结果：过氧化物酶活性部位呈棕褐色（图 4-14，图 4-15）。

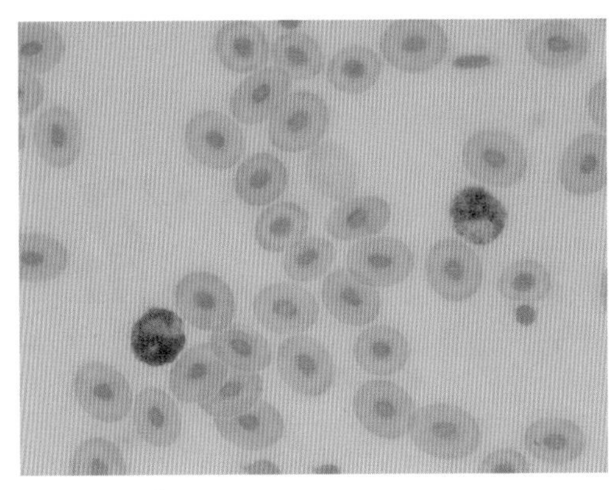

图 4-14　长吻鮠外周血涂片

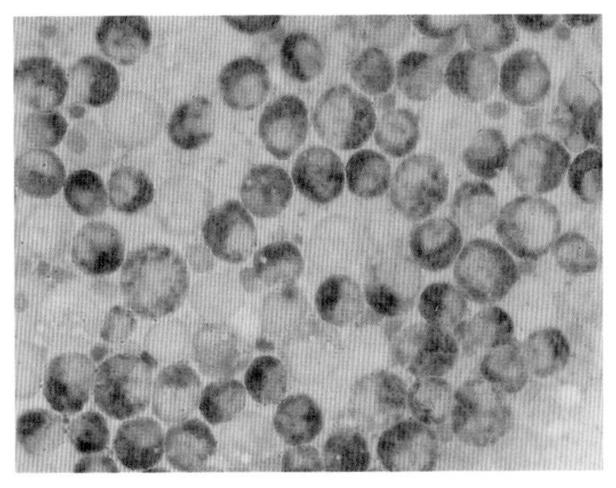

图 4-15　长吻鮠头肾印片

4. 萘酯六偶氮品红法显示非特异性酯酶

2.5% 戊二醛：50% 戊二醛溶液 5 mL，ddH_2O 45 mL，0.2 mol/L PBS 50 mL；4℃保存。

孵育液：醋酸 - α - 萘酚 10 mg，丙酮 0.4 mL，$\frac{1}{15}$ mol/L PBS（pH5.0）40 mL，六偶氮对品红溶液 2.4 mL；充分混合后调 pH 至 5.8，过滤。

六偶氮对品红溶液：A 液——盐酸对品红 400 mg，蒸馏水 8 mL，浓盐酸 2 mL；B 液——$NaNO_2$ 4 g，蒸馏水 100 mL；临用前将 A、B 液等体积混合。

染色步骤：

（1）对小块新鲜组织冷冻切片，用 4℃戊二醛 - 丙酮溶液（或甲醛 - 钙液）固定 10 min，蒸馏水洗。

（2）蒸馏水洗 30 s，冷风吹干。

（3）入孵育液，37℃孵育。每 15 min 换液 1 次，共换 3 次。

（4）37℃蒸馏水洗 2 min。

（5）甲基绿复染 10 min，蒸馏水冲洗。

（6）无水乙醇脱水（快速）。

（7）二甲苯透明。

（8）中性树胶封片。

对照：（1）孵育前 90℃加热 10 min，（2）用不含底物的孵育液孵育，（3）孵育液中加入 NaF（1.5 mg/mL）。

染色结果：核呈绿色，酸性醋酸 - α - 萘酯酯酶（ANAE）活性部位呈现红棕色至深棕色（图 4-16，图 4-17）。

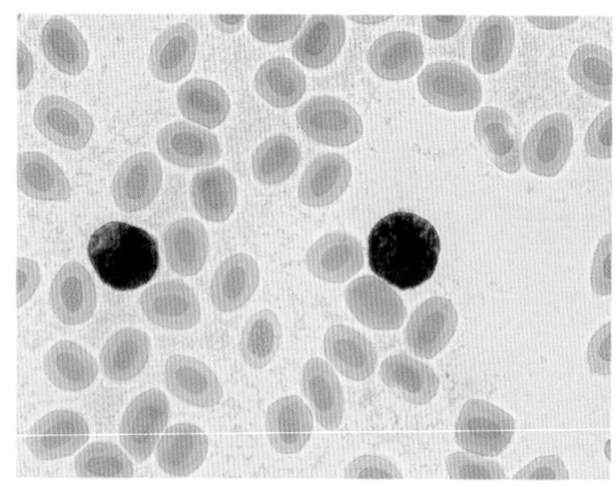

图 4-16　长吻鮠血细胞涂片

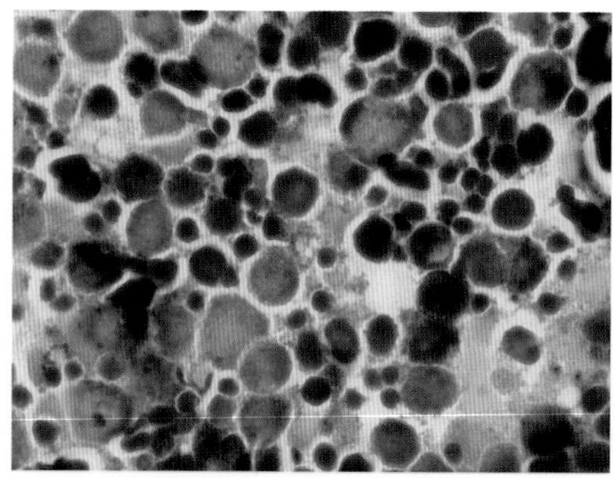

图 4-17　长吻鮠头肾印片

九、显示结缔组织

1. Cason 三色染色法（Mallory 一步三色法）

用 10% 甲醛溶液、乙醇及其他固定液固定的组织均可，但以 Zenker、Helly 等含汞固定液效果最佳。

染色步骤：

（1）切片二甲苯脱蜡，梯度乙醇复水。

（2）蒸馏水洗。常规甲醛固定的组织不易着色，须在切片染色前用重铬酸钾－醋酸液（重铬酸钾 2.5 g、醋酸 5 mL、蒸馏水 95 mL）媒染 1 h 以上。

（3）Cason 三色染液染色 5~15 min，蒸馏水洗 2 次。

（4）95% 乙醇迅速分化至胞核呈深红色，胶原纤维呈蓝色。

（5）100% 乙醇迅速脱水 2 min。

（6）二甲苯透明，中性树胶封片。

染色结果：胶原纤维、网状纤维、黏液呈深蓝色，肌纤维呈橘黄色或橘红色，红细胞呈橘黄色，细胞核呈深红色（图 4–18，图 4–19）。

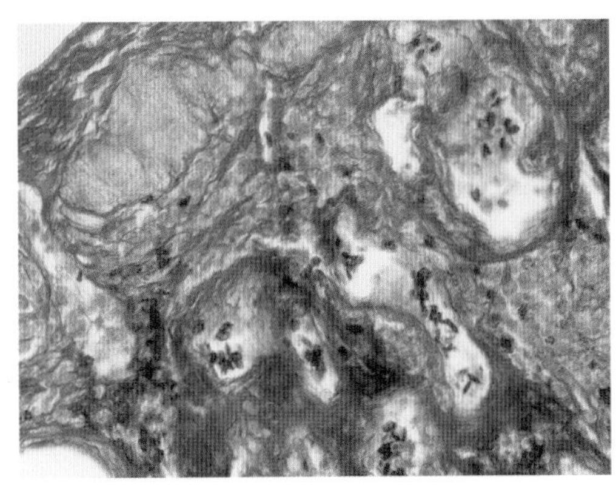

图 4–18　长吻鮠的颈动脉膨大

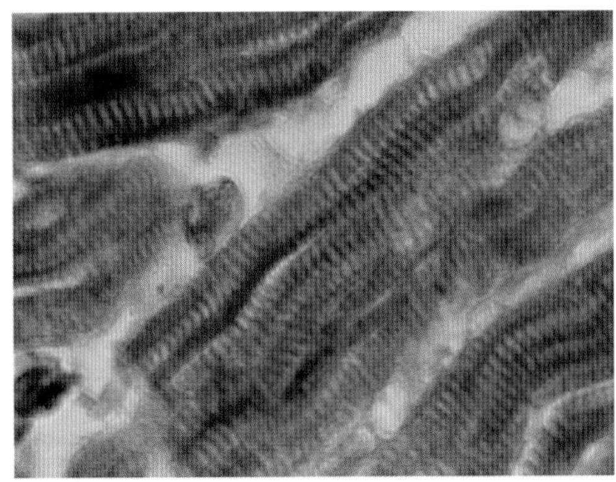

图 4–19　胭脂鱼的心肌

2. 醛品红法显示弹性纤维

一般用 10% 甲醛液、甲醛－乙醇液或 Bouin 液固定，常规石蜡包埋。

橘黄 G 染液：橘黄 G 2 g，蒸馏水 100 mL，磷钨酸 5 g。

染色步骤：

（1）切片二甲苯脱蜡至水。

（2）蒸馏水洗。

（3）浸入 0.005 g/mL 的高锰酸钾溶液处理 1~2 min。

（4）流水漂洗。

（5）用 0.01 g/mL 草酸漂白 1 min，水洗 1 min。

（6）浸入 50% 乙醇液中 1~2 min。

（7）浸入醛品红染液中染色 5~15 min。

（8）蒸馏水迅速漂洗，浸入 95% 乙醇中分色，分色时间以背景无色为止。

（9）浸入蒸馏水 30~60 s。

（10）以橘黄 G 染液染色 1 s，蒸馏水迅速洗涤。

（11）乙醇脱水，二甲苯透明，中性树胶封片。

染色结果：弹性纤维呈紫色，胶原纤维呈红色，平滑肌呈黄色（图 4-20）。

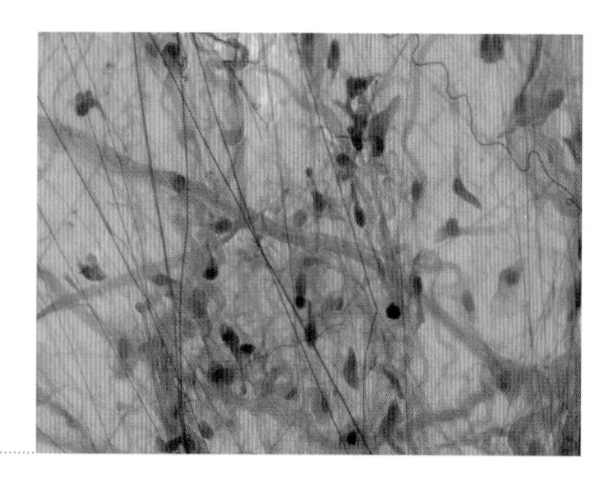

图 4-20 兔皮下结缔组织

十、显示肌组织

1. 磷钨酸苏木精法

染色步骤：

（1）石蜡切片脱蜡至水。若经含汞固定液固定的组织，须用 0.005 g/mL 碘酒溶液脱汞，再用 0.05 g/mL 的硫代硫酸钠脱碘。

（2）蒸馏水浸洗 2 min。

（3）0.002 5 g/mL 的高锰酸钾水溶液氧化 2~3 min。

（4）蒸馏水浸洗 2 min。

（5）用 0.005 g/mL 的草酸水溶液漂白 2~3 min。

（6）蒸馏水浸洗 3~4 次。

（7）0.04 g/mL 铁矾水溶液媒染 1 h。

（8）流水冲洗，蒸馏水漂洗。

（9）磷钨酸苏木精染色 6~12 h。

（10）用 95% 的乙醇迅速分色并脱水。

（11）无水乙醇脱水，二甲苯透明，中性树胶封片。

染色结果：横纹肌横纹，平滑肌核、胞浆等呈不同深浅的蓝色，横纹显示清晰。

2. 碘酸钠 – 苏木精块染法

此法可显示心肌润盘。

硝酸乙醇固定液：无水乙醇 80 mL，蒸馏水 16 mL，浓硝酸 4 mL。

染色步骤：

（1）取 1~2 mm 厚的小块心肌组织，在硝酸乙醇固定液中固定 24 h。

（2）入 70% 和 50% 的乙醇各 4 h，摇匀。

（3）蒸馏水漂洗。

（4）放入碘酸钠 – 苏木精染液中染色 10~15 d，其间经常摇动使浸染均匀。

（5）流水冲洗 24 h。

（6）常规脱水、透明、石蜡包埋和切片。

（7）烘干后的切片经二甲苯脱蜡后，中性树胶封片。

染色结果：心肌润盘呈蓝黑色（图 4–21）。

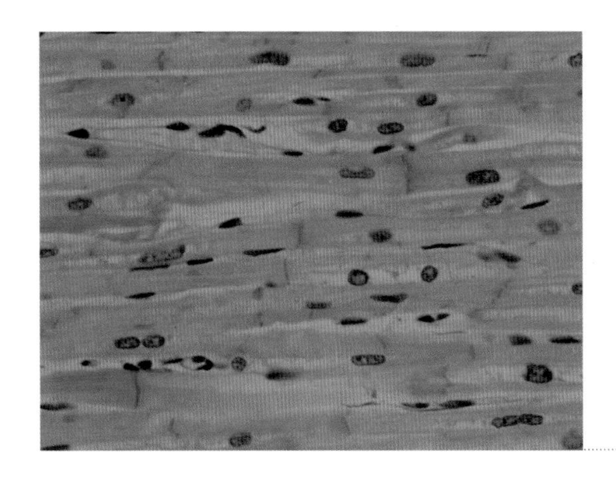

图 4–21 | 心肌

十一、显示神经组织

1. Golgi 镀银染色法

染色步骤：

（1）取厚度小于 10 mm 的新鲜脑组织浸入 10% 甲醛液中固定 24~48 h。

（2）蒸馏水洗，0.03 g/mL 重铬酸钾水溶液内 37℃媒染 3 d，每天换新液体 1 次。

（3）蒸馏水洗 1~2 min。

（4）置于 0.007 5 g/mL 硝酸银水溶液中，37℃浸染 2~3 d。

（5）蒸馏水洗 5~10 min。

（6）可直接冷冻切片，也可逐级乙醇脱水，石蜡包埋，切片厚 20~100 μm。

（7）二甲苯脱蜡、透明，合成树脂或中性树胶封片。

染色结果：神经元胞体、突起及神经胶质细胞呈棕黑色（图 4-22，图 4-23）。

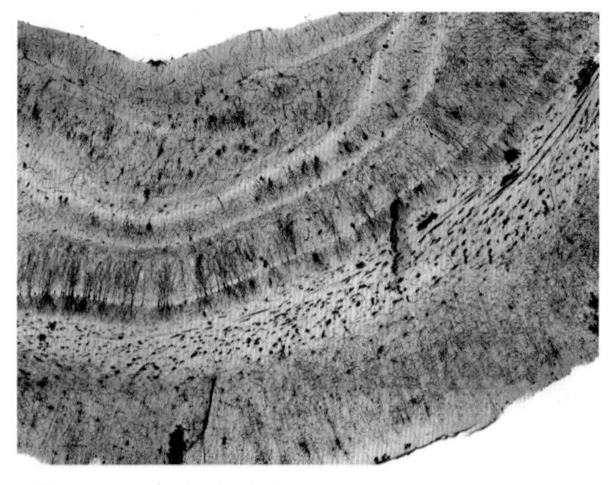

图 4-22 兔大脑皮层

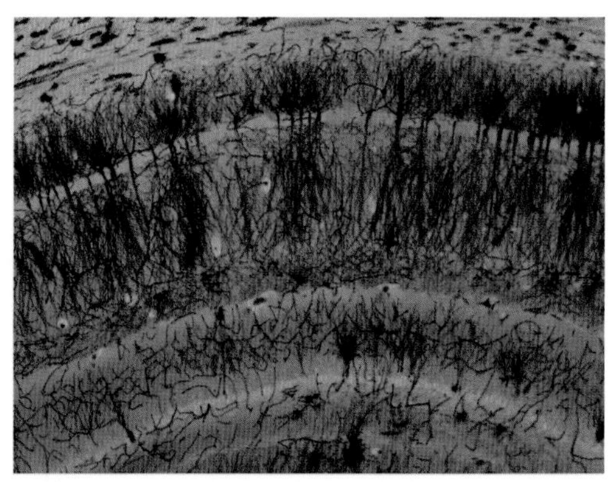

图 4-23 兔大脑皮层锥体细胞

2. 周围神经锇酸染色法

染色步骤：

（1）小块新鲜组织厚度不超过 3 mm，固定于 1% 锇酸水溶液中 24~48 h。

（2）流水冲洗 12 h。

（3）常规石蜡包埋，切片厚 8~10 μm。

（4）常规贴片、脱蜡、透明和封片。

染色结果：髓鞘黑色，非饱和脂类呈棕褐色（图 4-24，图 4-25）。

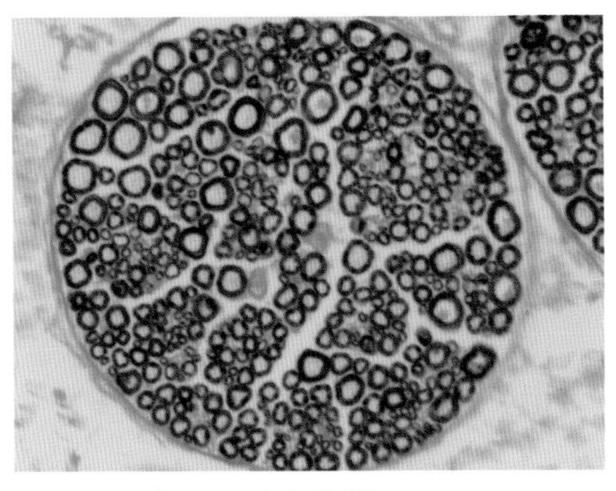

图 4-24　有髓神经纤维横切

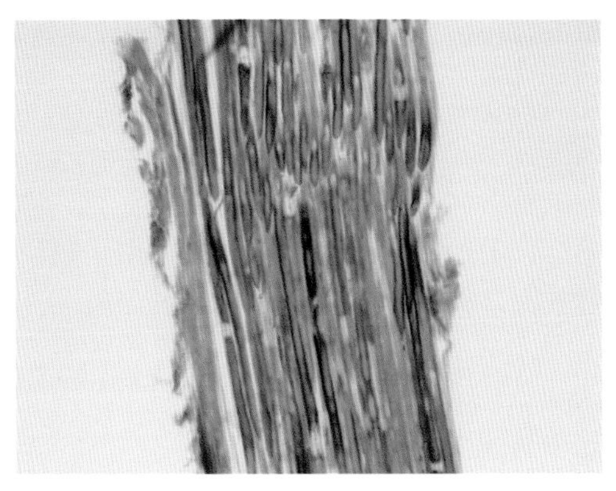

图 4-25　有髓神经纤维纵切

3. 硫堇染色法显示尼氏体

尼氏体为神经细胞所特有，取材必须新鲜，因机体死亡后尼氏体会很快溶解，分散，不易着色。

新鲜组织用 10% 中性甲醛或 95% 乙醇固定，石蜡切片厚 6~10 μm。

染色步骤：

（1）石蜡切片脱蜡至水。

（2）蒸馏水洗 1~2 min。

（3）用 0.02 g/mL 的硫堇水溶液于 50~60℃温箱内浸染 30~60 min。

（4）蒸馏水洗 1~2 min。

（5）用 95% 乙醇迅速分化。

（6）无水乙醇脱水 8~10 min，二甲苯透明 8~10 min，中性树胶封片。

染色结果：尼氏体及核仁深蓝色，细胞核淡蓝色（图 4-26，图 4-27）。

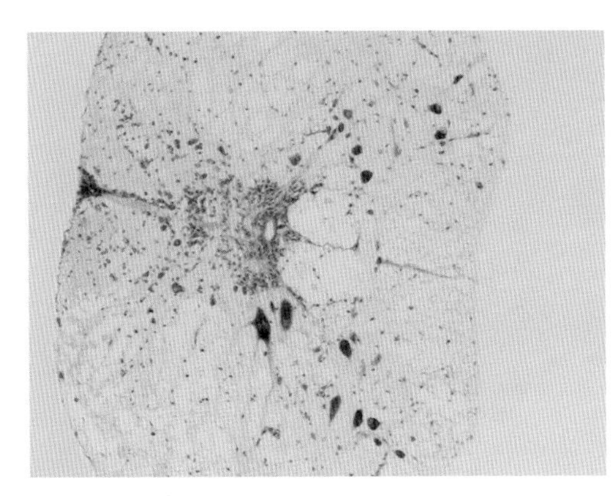

图 4-26　贝氏高原鳅脊髓横切

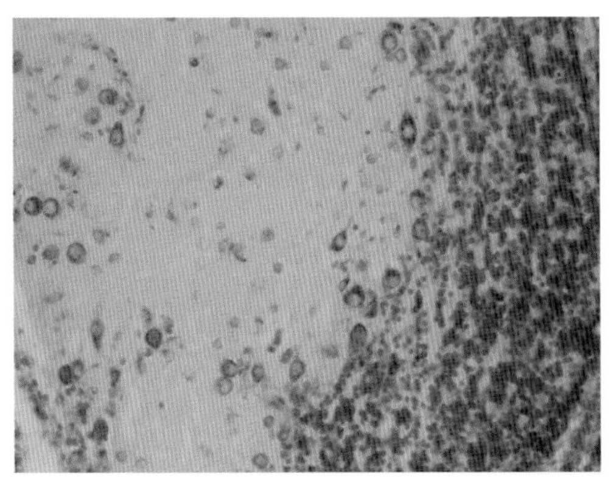

图 4-27　贝氏高原鳅小脑

4. Scott 改变法显示神经胶质细胞

组织用 10% 中性福尔马林液固定。冷冻切片 20~25 μm；石蜡切片 15~25 μm。

染色步骤：

（1）石蜡切片常规脱蜡至水。冷冻切片染色前需在 10% 氨水内预作用 2 h。

（2）蒸馏水充分水洗。

（3）切片入氨银液镀银 3~4 s。（以 2 mL 浓氨液逐滴加入到 5% 硝酸银水溶液中，至液体呈黄褐色略浑浊为止。）

（4）切片转入 3% 甲醛中作用 30 s，并不断摇动。

（5）蒸馏水充分漂洗。

（6）浸入 0.05 g/mL 硫代硫酸钠水溶液内作用 2~5 min。

（7）蒸馏水充分漂洗。

（8）常规脱水，透明，中性树胶封片。

染色结果：神经胶质细胞被染成黑色，其他结构呈灰色（图 4-28，图 4-29）。

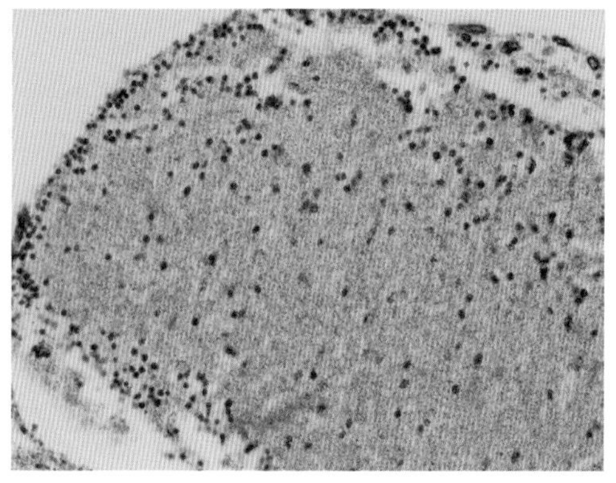

图 4-28 贝氏高原鳅延脑迷叶

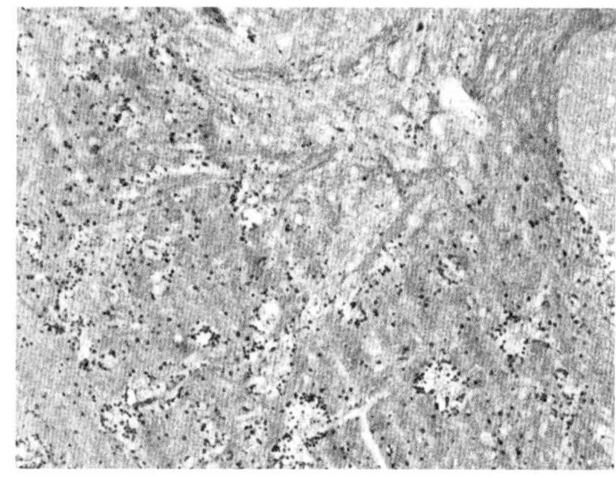

图 4-29 贝氏高原鳅延脑面叶

第 2 节　电镜观察常用染色方法

一、醋酸铀染色法

醋酸铀又称醋酸双氧铀，它可以与大多数细胞成分结合，特别容易与核糖核酸颗粒反应，因此对核蛋白染色较好。

一般常用 40% 或 50% 浓度的乙醇或丙酮为溶剂。切片染色后用双蒸水冲洗 15~20 s。或用 4 个瓶分装双蒸水，切片于每瓶洗 3~4 次，总时间不超过 20 s。切片用甲醇配制的染液染色后需用两瓶 50% 甲醇水溶液各洗 3~4 次，再用两瓶双蒸水各洗 3~4 次。冲洗后的铜网用三角形滤纸从镊子中间把水吸干，再进行染色。

二、铅染色法

目前多用双重染色以增强反差。一般先进行醋酸铀染色后再实行铅染色。

1. Reynold 法

（1）取硝酸铅 1.33 g，柠檬酸钠 1.76 g，加双蒸水 30 mL，强烈摇荡 20~30 min 至完全溶解为乳白色混合液而没有颗粒时为止。然后加入 1 mol/L 氢氧化钠水溶液 8 mL，又充分摇荡，最后加水至 50 mL，保存于冰箱。

（2）用（1）液染 15~30 min。

（3）在 0.02 mol/L 氢氧化钠水溶液中洗 15~20 次。

（4）用冲洗瓶中的双蒸水冲洗约 20 s，然后用三角形滤纸吸干。

此染液 pH 为 11~12，为常用的双重染色法的铅染色液。配液时应选用分析纯试剂，配液用的双蒸水要新鲜或煮沸冷却后使用。硝酸铅与柠檬酸钠充分摇荡至乳白色无颗粒状态是非常重要的，它影响染色性的强弱。久置的铅液瓶底常出现沉淀、液面污染，影响切片。这种 Reynold 铅染液效果可靠稳定，用环氧树脂 812 包埋的切片染 10~20 min，用环氧树脂 618 包埋的切片染 30 min，均可获得较好效果。

2. Vemable–Coggeshall 法

（1）将 0.02 g 柠檬酸铅溶于 10 mL 双蒸水中，充分振荡至乳白色混浊液。

（2）加 10 mol/L 氢氧化钠 0.1 mL 于上液中摇荡，使柠檬酸铅完全溶解呈透明状，置冷暗处保存。

（3）切片在上液染数秒至 5 min，双蒸水冲洗后干燥。若进行双重染色，先用醋酸铀甲醇溶液染 4~5 min，铅液复染 30~60 s。

3. Sato 复染法

硝酸铅 1 g，醋酸铅 1 g，柠檬酸铅 1 g，柠檬酸钠 2 g。取双蒸水 82 mL，加热至 40~45℃，将上列铅试剂依次加入，摇荡 1 min，然后加入柠檬酸钠再摇荡 5 min；最后再加 1 mol/L 氢氧化钠溶液 18 mL，边滴边搅拌至液体透明，经充分摇荡后过滤使用。此液 pH 为 12。单染色染 10 min，双重染色染 5~7 min。

超薄切片在透射电子显微镜下观察，通常显示出来的是灰度图像（即由黑色、白色和各种不同程度的灰色构成的图像），即我们通常所称的黑白图像（图 4-30 ~ 图 4-33）。

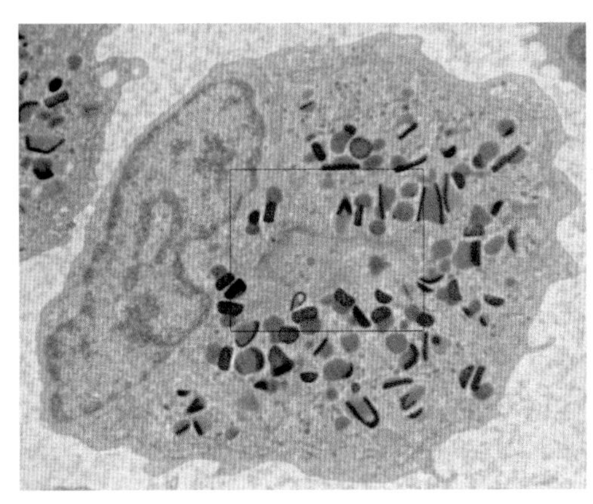

图 4-30 胭脂鱼的粒细胞

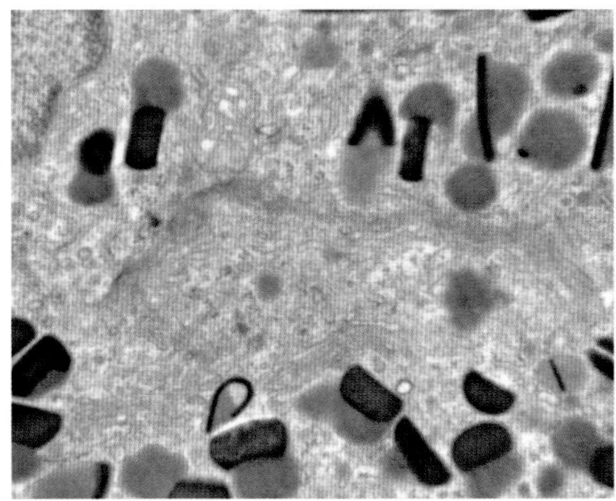

图 4-31 图 4-30 的部分放大

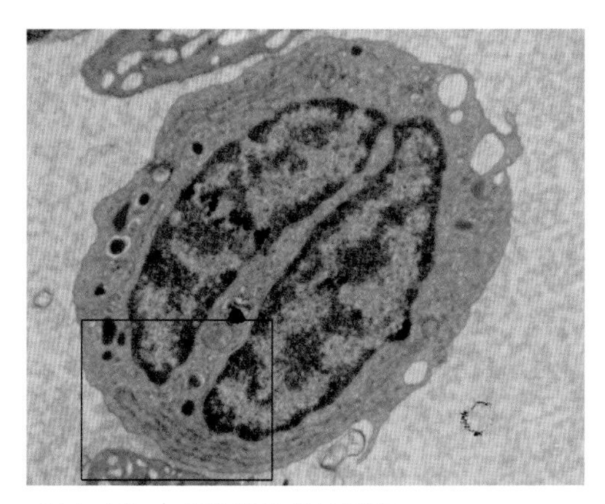

图 4-32　胭脂鱼的单核细胞

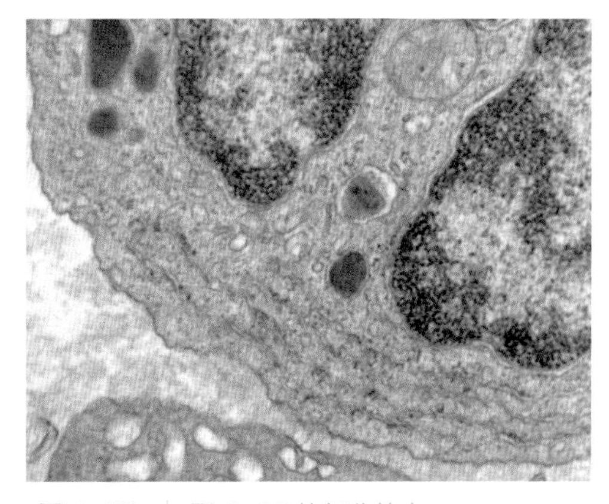

图 4-33　图 4-32 的部分放大

主要参考文献

1. 龚志锦，詹镕洲．病理组织制片和染色技术［M］．上海：上海科学技术出版社，1994.

2. 芮菊生，杜懋琴，陈海明，等．组织切片技术［M］．上海：人民教育出版社，1980.

3. 孟运莲．现代组织学与细胞学技术［M］．武汉：武汉大学出版社，2004.

4. 郑国锠，谷祝平．生物显微技术（第二版）［M］．北京：高等教育出版社，1993.

5. 杜卓民．实用组织学技术（第二版）［M］．北京：人民卫生出版社，1998.

6. 汤乐民，丁斐．生物科学图像处理与分析［M］．北京：科学出版社，2005.

7. 章静波，黄东阳，方瑾．细胞生物学实验技术［M］．北京：化学工业出版社，2006.

8. 王晓冬，汤乐民．生物光镜标本技术［M］．北京：科学出版社，2007.

9. 徐金森．现代生物科学仪器分析入门［M］．北京：化学工业出版社，2004.

10. 杨铭．结构生物学与药学研究［M］．北京：科学出版社，2003.

11. 潘鑾凤．分子生物学技术［M］．上海：复旦大学出版社，2008.

12. 绳秀珍，刘竹伞．生物实验技术［M］．青岛：中国海洋大学出版社，2007.

13. 周庚寅．组织病理学技术［M］．北京：北京大学医学出版社，2006.

14. 成令忠，钟翠平，蔡文琴．现代组织学［M］．上海：上海科学技术文献出版社，2003.

15. 杨星宇，杨建明．生物科学显微技术［M］．武汉：华中科技大学出版社，2010.

常用网址推荐

1.http://www.protocol-online.org/prot/Histology/

2.http://www.zeiss.de/micro